塔里木河流域
近 30 年洪旱分布图集

冯瑶 王宁 著

气象出版社
China Meteorological Press

图书在版编目（CIP）数据

塔里木河流域近 30 年洪旱分布图集 / 冯瑶，王宁著.

北京 : 气象出版社, 2024. 6. -- ISBN 978-7-5029

-8324-6

Ⅰ. P426.61-64

中国国家版本馆 CIP 数据核字第 2024Y330L9 号

塔里木河流域近 30 年洪旱分布图集

Talimu He Liuyu Jin 30 Nian Honghan Fenbu Tuji

出版发行：气象出版社

地　　址：北京市海淀区中关村南大街 46 号　　**邮政编码：**100081

电　　话：010-68407112（总编室）　　010-68408042（发行部）

网　　址：http://www.qxcbs.com　　**E-mail：**qxcbs@cma.gov.cn

责任编辑：蔺学东　　　　　　　　　**终　审：**张　斌

责任校对：张硕杰　　　　　　　　　**责任技编：**赵相宁

封面设计：楠竹文化

印　　刷：北京建宏印刷有限公司

开　　本：787 mm×1092 mm　1/16　　**印　　张：**7

字　　数：180 千字

版　　次：2024 年 6 月第 1 版　　　　**印　　次：**2024 年 6 月第 1 次印刷

定　　价：80.00 元

塔里木河流域地处欧亚大陆腹地，是古丝绸之路的要冲，与中亚地区多个国家接壤，是我国面向中亚、西亚开放的"桥头堡"，也是国家新时期"丝绸之路经济带"建设的核心地区。流域面积约 102 万 km^2，是我国最大的内陆河流域。由于深居内陆，远离海洋，加之高山阻挡，流域降水非常稀少（山地区域的年降水量为 200～500 mm，山前平原为 50～150 mm，沙漠区的年降水量一般低于 30 mm），是典型的干旱半干旱地区，具有自然资源相对丰富与生态环境极为脆弱的双重特点。随着气候变化与人类活动的加剧，塔里木河流域干旱化趋势进一步加剧，旱灾频次明显增加，降水少而蒸发量大，导致干旱成为威胁流域农业最普遍、最主要的一种自然灾害。2009 年，流域遭遇了 60 年一遇的特大干旱，主干河流入水量大幅减少，断流河段长达 1100 km。频繁发生的严重旱灾波及的范围不仅威胁工农业生产，对生态也造成了直接影响。除干旱灾害外，塔里木河流域的洪涝灾害同样严峻。流域径流量主要来源于河川基流、冰川融水和雨雪混合三部分（分别占径流量的 23%、40% 和 37%），高山区 5—9 月为冰川高山积雪融水期，融雪融冰洪水一般发生在夏季，这类洪水历时较长。冰川径流年内分配不均匀，6—9 月来水量占全年径流量的 70%～80%，大多为洪水，且洪峰高、起涨快、洪灾重。近年来，塔里木河流域不同程度地开展了防洪工程建设，流域防洪能力得到了较大提升，但防洪体系依然不健全。2022 年 5 月以来，受高温、融雪及降雨影响，塔里木河干支流有 25 条河流发生超警洪水，其中 7 条河流超保证流量，干流发生历时 80 天洪水过程。流域洪水呈现发生早、历时长、洪水总量大、洪峰量值高的特点，灾害风险形势依然严峻。近 30 年来，塔里木河流域洪旱灾害呈加重趋势，且洪水事件的频次和影响均比干旱事件更明显，防洪抗旱成为塔里木河流域经济社会发展最严重、最紧迫的问题之一。

本图集展示了 1991—2020 年塔里木河流域干旱和洪水的时空演变规律。其中，干旱通过标准化降水指数（Standardized Precipitation Index，SPI）和标准化降水蒸散指数（Standardized Precipitation Evapotranspiration Index，SPEI）（无量纲）表征，由中国气象局（CMA）提供的气象观测资料和美国国家航空航天局（NASA）提供的全球陆地同化数据计算所得；洪水由考虑了冰川物质平衡过程的水文水动力模型（VIC+CaMa-Flood）结合气象、水文和流域属性数据模拟所得的洪水淹没面积表征。根据计算和模拟结果，利用 ArcGIS 软件绘制近 30 年我国塔里木河流域逐年洪旱分布图。本图集对认识全球变暖背景下塔里木河流域洪旱演进特点和规律尤为重要，相关结果不仅有助于认识历史时期流域洪旱特征的时空演变规律及周期变化，还有助于相关部门根据洪旱演进特点和规律来确定水资源的利用方向，促使灾害洪水向资源洪水转变，对区域生态、农业及经济社会可持续发展具有重要的现实意义。

本图集的出版得到了第三次新疆综合科学考察项目"塔里木河流域产 / 需水要素变化与水安全格局调查"（2022xjkk0100）的支持。

著　者

2024 年 6 月

1. 资料

（1）干旱指数计算资料

从中国气象局收集近 30 年（1991—2020 年）塔里木河流域逐日最高、最低和平均气温、降水量、相对湿度、风速和日照时数等数据，根据彭曼（Penman-Monteith）公式计算逐日潜在蒸散量（Potential evapotranspiration，PET）。利用逐月降水量和潜在蒸散量，分别计算标准化降水指数（Standardized Precipitation Index，SPI）和标准化降水蒸散指数（Standardized Precipitation Evapotranspiration Index，SPEI）。考虑到中国气象局提供的观测资料无法覆盖塔里木河流域的境外部分，收集了 NASA 全球陆地数据同化系统（GLDAS-V2.0 及 V2.1）数据集中的逐月降雨量和潜在蒸散量，补充计算流域境外部分干旱指数的时空变化。在两套数据集支撑下，完成近 30 年（1991—2020 年）塔里木河流域干旱指数的计算，并根据干旱指数绘制 1:25 万干旱分布图集。

（2）洪水淹没模拟资料

开展塔里木河流域的洪水模拟所需的多源数据主要包括气象、水文、地形、地貌和植被等数据。选用在塔里木河流域数据质量较好的 APHRODITE 和 CMFD 气象资料，采用降水梯度和温度直减率进行偏差纠正以降低气象数据带来的不确定性；使用 GMFD、SRTM、MCD12C1、HWSD 和 SoilGrids 提供模型运行所需的风速、地形、土地利用类型、地貌等其他基础数据；收集水文站点观测资料、第一次 / 二次冰川编目数据、RGI、MODIS 和 GSW 等陆表水体数据用来率定模型参数，验证模型的适用性。在以上数据集的支撑下，模拟近30年（1991—2020年）塔里木河流域洪水演变情况，并根据洪水淹没数据绘制洪水淹没格局图集。

2. 方法

（1）干旱指数计算

标准化降水指数（SPI）的原理是计算出某时段内降水量的伽马（Gamma）分布后，再进行正态标准化处理，得到SPI值。假设某时段降水量为x，其Gamma分布的概率密度函数为$g(x)$，根据$g(x)$获取累积概率分布$G(x)$，对累积概率分布进行正态标准化，即得到SPI序列（图1a）。标准化降水蒸散指数（SPEI）与标准化降水指数（SPI）所使用的计算方法较为一致，但SPEI指数的计算方法更为完善（图1b）。我们采用联合国粮食及农业组织（FAO）的彭曼公式计算潜在蒸散量（PET），用降水（P）与潜在蒸散量之差（D_i）来替换SPI计算中的单一降水异常，对D_i进行正态化，并利用三参数log-logistic方法计算其概率分布$F(x)$，对累积概率分布进行标准化处理得到的SPEI，能更好地反映干旱区的干旱特征。根据SPI和SPEI的值可确定干湿状况，一般来说，正值表示湿润，负值表示干旱，干旱和湿润的强度根据SPI和SPEI绝对值的大小判断。二者差异可反映塔里木河流域蒸散量对流域干旱的影响。

（2）水文水动力模型说明

为探究塔里木河流域洪水形成机制和演变特征，克服观测数据不足的问题，研究选用了进行产流计算的大尺度水文模型Variable Infiltration Capacity（VIC）和进行汇流计算的水动力模型Catchment-based Macro-scale Floodplain model（CaMa-Flood）。VIC模型和CaMa-Flood模型因较好的水文过程物理描述及模拟表现，在全球范围内研究气候变化对洪水特征及洪水淹没变化的影响方面得到广泛应用。塔里木河径流主要源于具有复杂冰冻圈水文过程的高山地区，而得到广泛应用的VIC水文模型忽视了冰川物质平衡过程，导致在该地区使用VIC水文模型进行洪水模拟结果较差。因此，我们通过优化冰川物质平衡计算方法改进相关模块（图2），增强其对冰冻圈水文过程的物理描述，提高在塔里木河流域洪水风险研究的适用性。

（a）标准化降水指数（SPI）计算

$$g(x) = \frac{1}{\beta^{\alpha}\Gamma(\alpha)}\chi^{\alpha-1}\mathrm{e}^{-x/\beta}$$

$$G(x) = \int_0^x g(x)\mathrm{d}x = \frac{1}{\beta^{\alpha}\Gamma(\alpha)}\int_0^x x^{\alpha-1}\mathrm{e}^{-x/\beta}\mathrm{d}x$$

$$H(x) = q + (1-q)G(x)$$

$$Z = \mathrm{SPI} = -\left(t - \frac{c_0 + c_1 t + c_2 t^2}{1 + d_1 t + d_2 t^2 + d_3 t^3}\right) \quad 0 < H(x) \leqslant 0.5$$

$$Z = \mathrm{SPI} = +\left(t - \frac{c_0 + c_1 t + c_2 t^2}{1 + d_1 t + d_2 t^2 + d_3 t^3}\right) \quad 0.5 < H(x) \leqslant 1$$

式中，$c_0 = 2.515517$，$c_1 = 0.802853$，$c_2 = 1.432788$，$d_1 = 1.432788$，$d_2 = 0.001308$，$d_3 = 0.001308$。

（b）标准化降水蒸散指数（SPEI）计算

$$\mathrm{PET} = \frac{0.408\Delta(R_\mathrm{n} - G) + r\dfrac{900}{T+273}U(e_\mathrm{s} - e_\mathrm{a})}{\Delta + r(1 + 0.34U)}$$

$$D_i = P_i - PET_i$$

$$f(x) = \frac{\beta}{\alpha}\left(\frac{x-\gamma}{\alpha}\right)^{\beta-1}\left[\left(1 + \left(\frac{x-\gamma}{\alpha}\right)^{\beta}\right)\right]^{-2}$$

$$F(x) = \left[1 + \left(\frac{\alpha}{x-\gamma}\right)^{\beta}\right]^{-1}$$

$$\mathrm{SPEI} = W - \frac{c_0 + c_1 W + c_2 W^2}{1 + d_1 W + d_2 W^2 + d_3 W^3}$$

$$\begin{cases} W = \sqrt{-2\ln(1 - F(x))}, & F(x) > 0.5 \\ W = \sqrt{-2\ln(F(x))}, & F(x) \leqslant 0.5 \end{cases}$$

图 1　基于降雨和潜在蒸散量计算标准化降水指数（SPI）和标准化降水蒸散指数（SPEI）

注：计算 PET 的彭曼公式中，R_n 为净辐射（$\mathrm{MJ \cdot m^{-2} \cdot d^{-1}}$），$G$ 为土壤热通量（$\mathrm{MJ \cdot m^{-2} \cdot d^{-1}}$），$T$ 为 2 m 高处气温（℃），U 为 2 m 高处风速（$\mathrm{m \cdot s^{-1}}$），e_s 和 e_a 分别为饱和水汽压和实际水汽压（kPa），$\triangle$ 为饱和水汽压斜率，r 为湿度计常数（$\mathrm{kPa \cdot ℃^{-1}}$）。此外，$\alpha$、$\beta$ 和 γ 分别为尺度、形状和位置参数，$g(x)$ 和 $f(x)$ 分别为基于降雨和降雨与潜在蒸散量之差的概率密度函数，$G(x)$ 和 $F(x)$ 为相应累积概率分布函数，将累积概率分布函数分别进行正态标准化可得 SPI 和 SPEI。

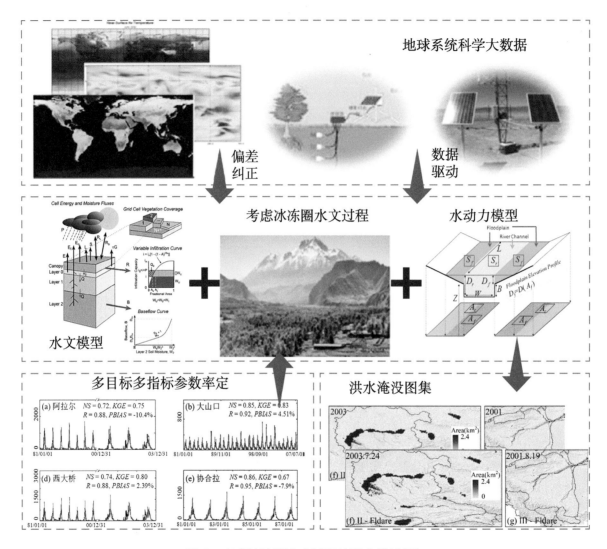

图 2 考虑冰冻圈水文过程的洪水模拟框架

CONTENTS 目 录

前 言

图集编制说明

第一部分 1991—2020 年塔里木河流域干旱（SPI）

第二部分　1991—2020 年塔里木河流域干旱（SPEI）

第三部分　1991—2020 年塔里木河流域洪水淹没面积

1991—2020 年塔里木河流域干旱（SPI）

　　本部分共计 30 幅图，展示了 1991—2020 年基于 SPI 指数的塔里木河流域逐年干旱的空间分布特征和演变规律。1991—2020 年，基于降水的 SPI 指数表明塔里木河流域呈变湿趋势，与近年来我国西北地区暖湿化（气温升高且降水增加）背景一致。近 30 年塔里木河流域 SPI 指数捕捉到 2009 年塔里木河流域的严重干旱，而 2009 年也是塔里木河历史上断流时间和断流河道最长的一年。此外，SPI 指数也捕捉到近 30 年塔里木河流域最湿润的年份，即 2010 年为塔里木河流域的丰水年。

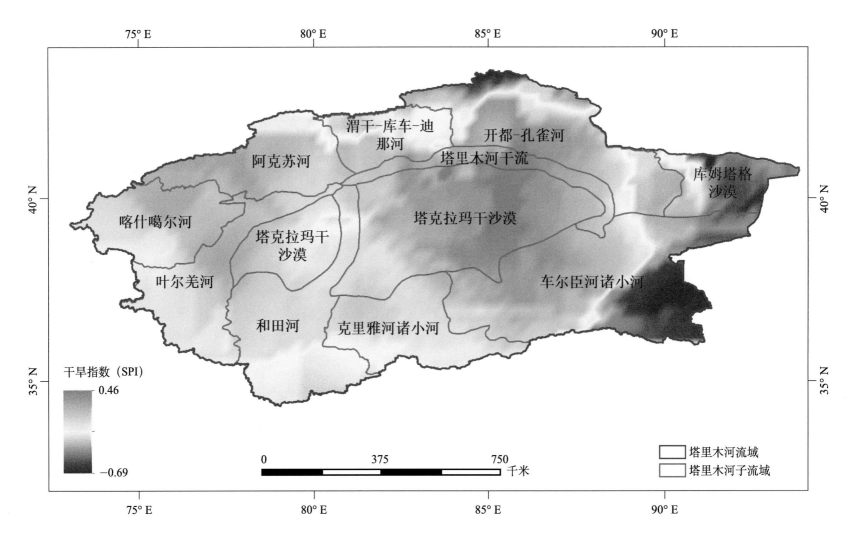

图 1-1　基于 SPI 指数的 1991 年塔里木河流域干湿条件

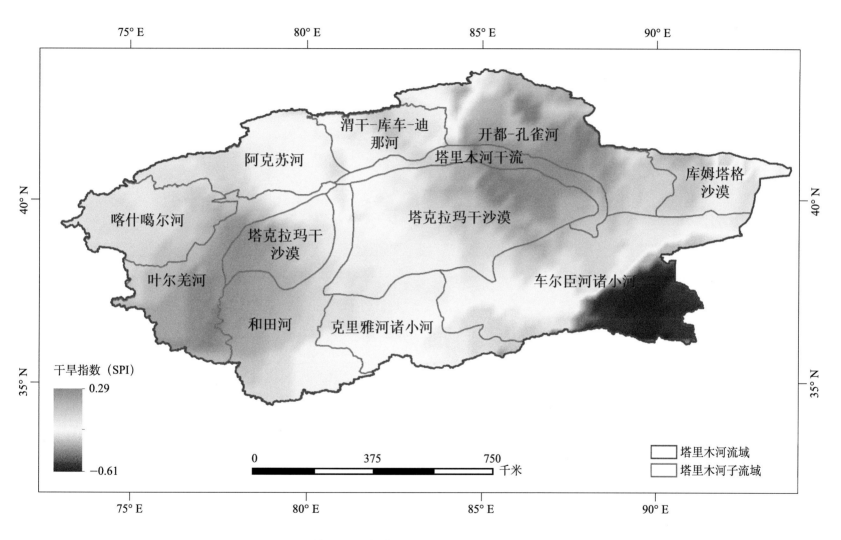

图 1-2 基于 SPI 指数的 1992 年塔里木河流域干湿条件

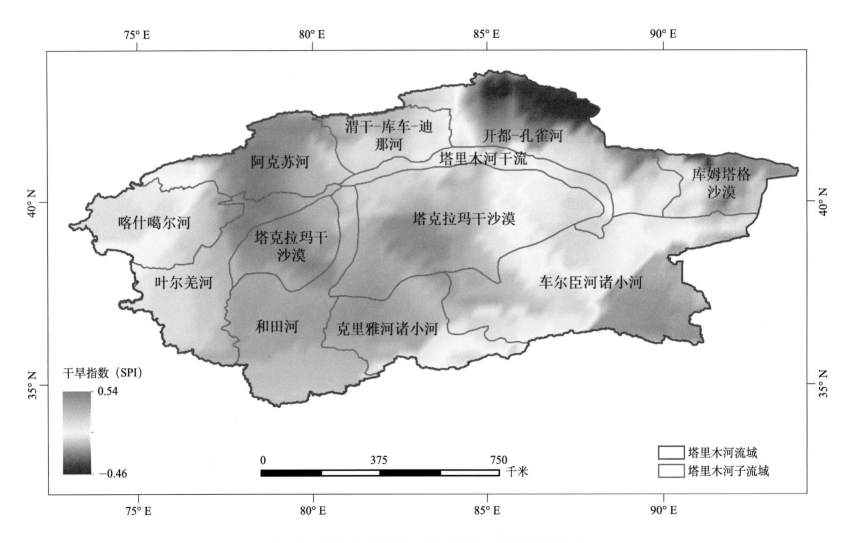

图 1-3　基于 SPI 指数的 1993 年塔里木河流域干湿条件

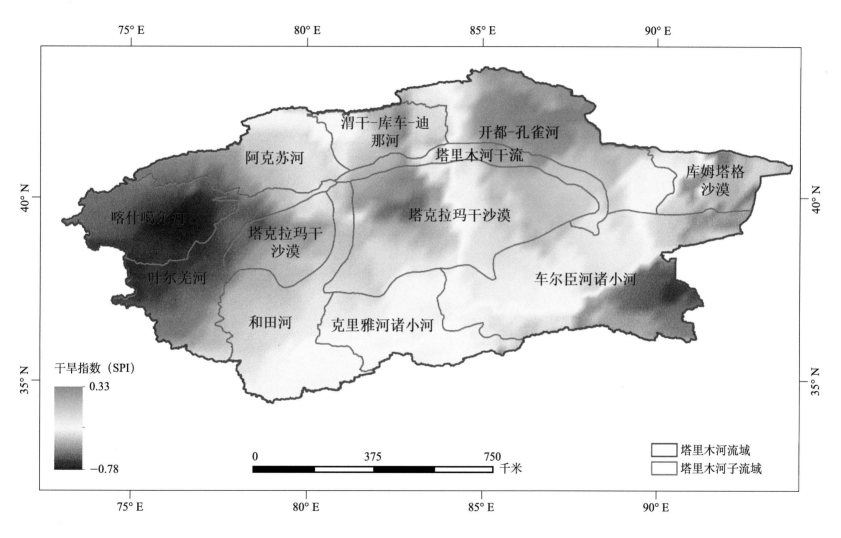

图 1-4　基于 SPI 指数的 1994 年塔里木河流域干湿条件

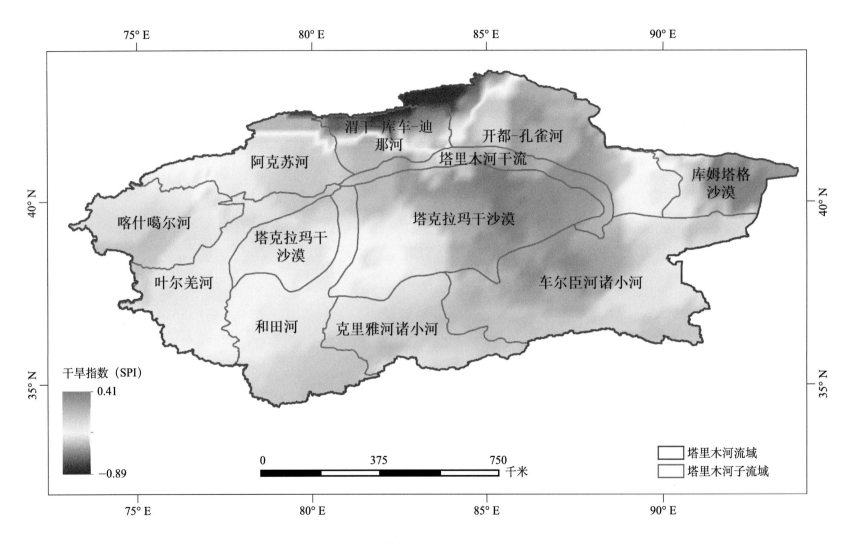

图 1-5 基于 SPI 指数的 1995 年塔里木河流域干湿条件

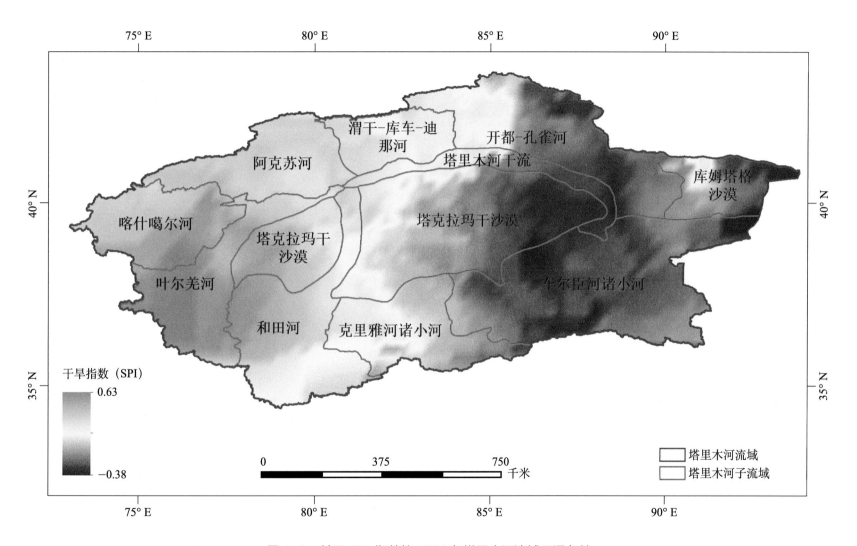

图 1-6 基于 SPI 指数的 1996 年塔里木河流域干湿条件

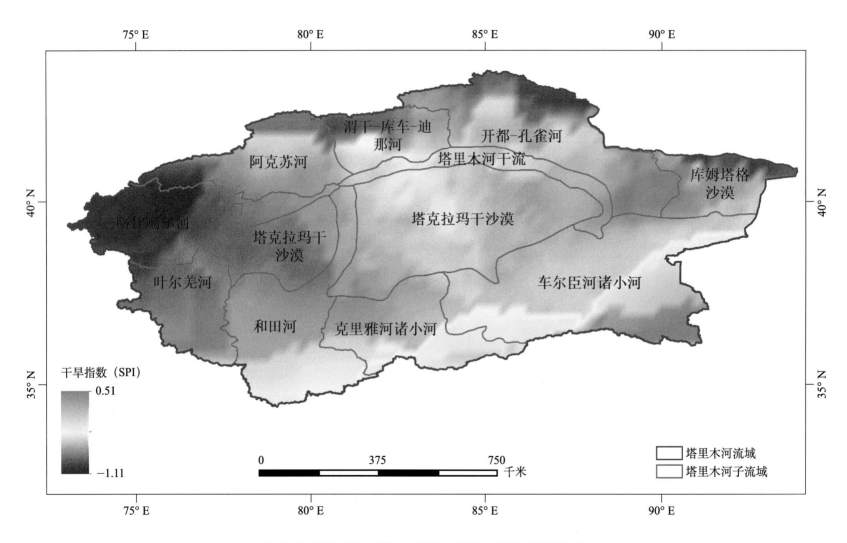

图 1-7　基于 SPI 指数的 1997 年塔里木河流域干湿条件

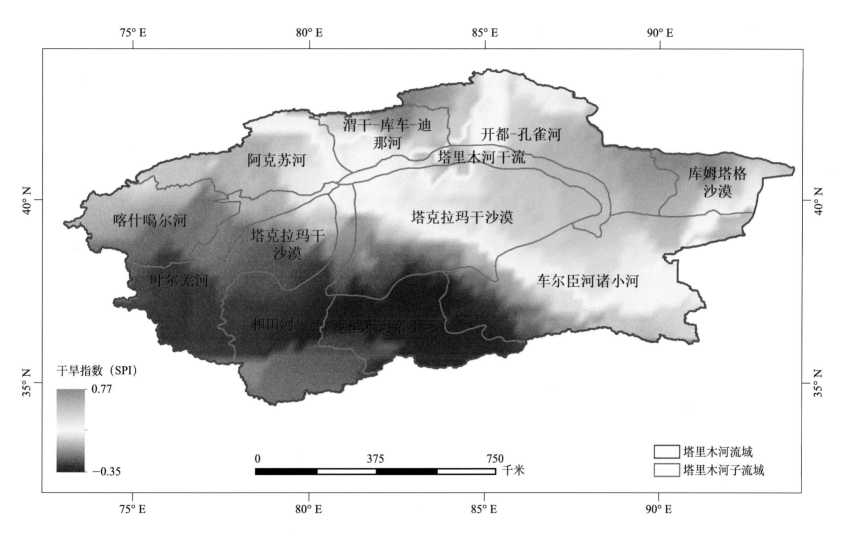

图 1-8　基于 SPI 指数的 1998 年塔里木河流域干湿条件

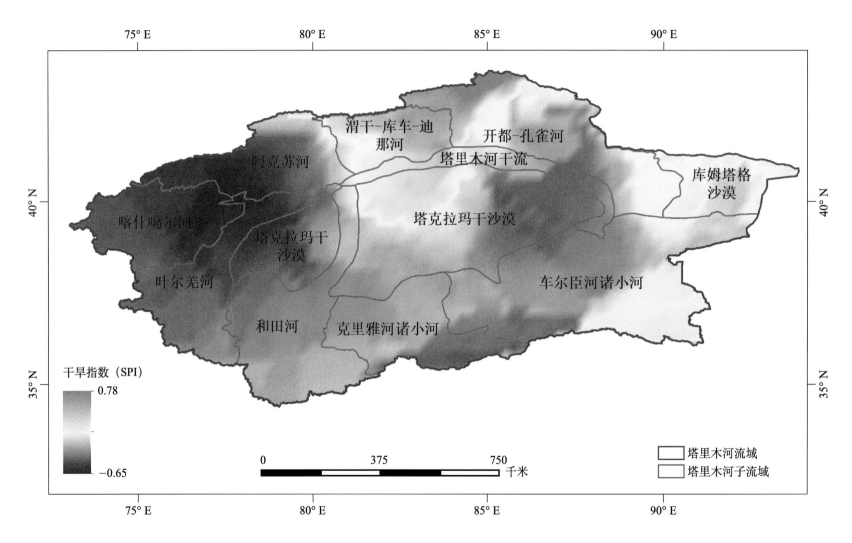

图 1-9　基于 SPI 指数的 1999 年塔里木河流域干湿条件

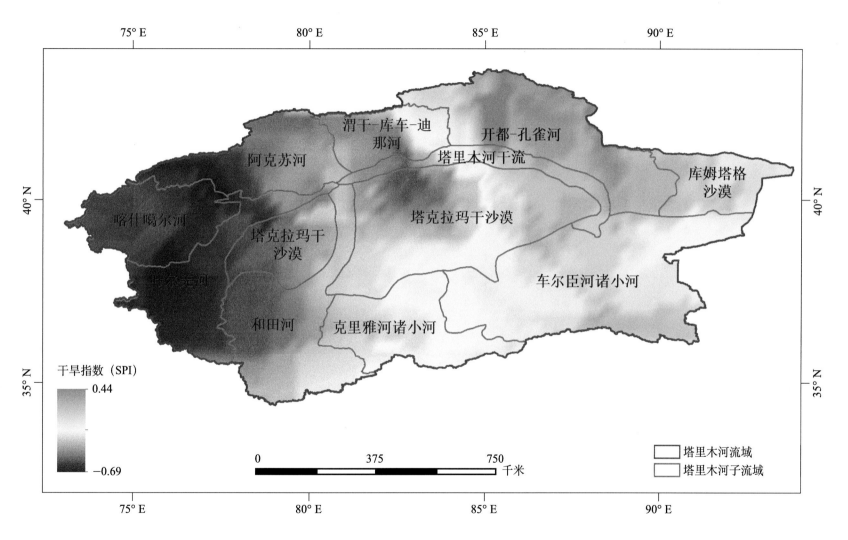

图 1-10　基于 SPI 指数的 2000 年塔里木河流域干湿条件

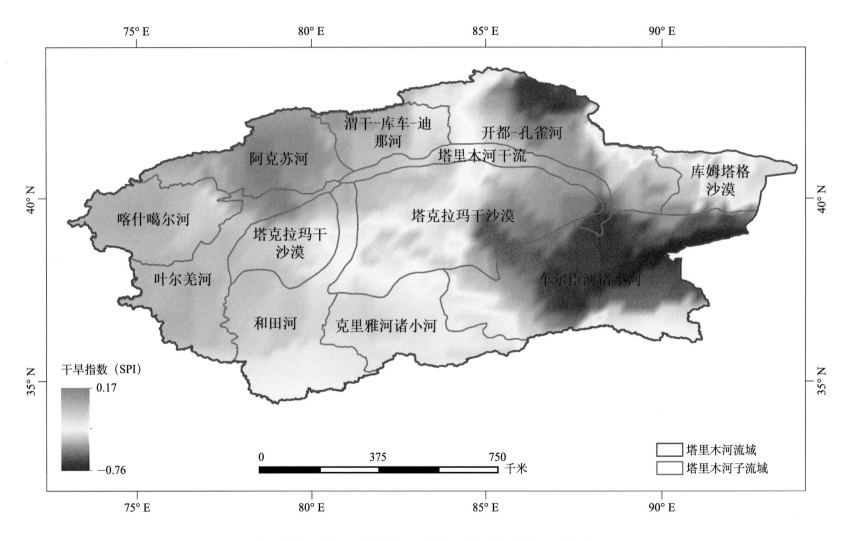

图 1-11　基于 SPI 指数的 2001 年塔里木河流域干湿条件

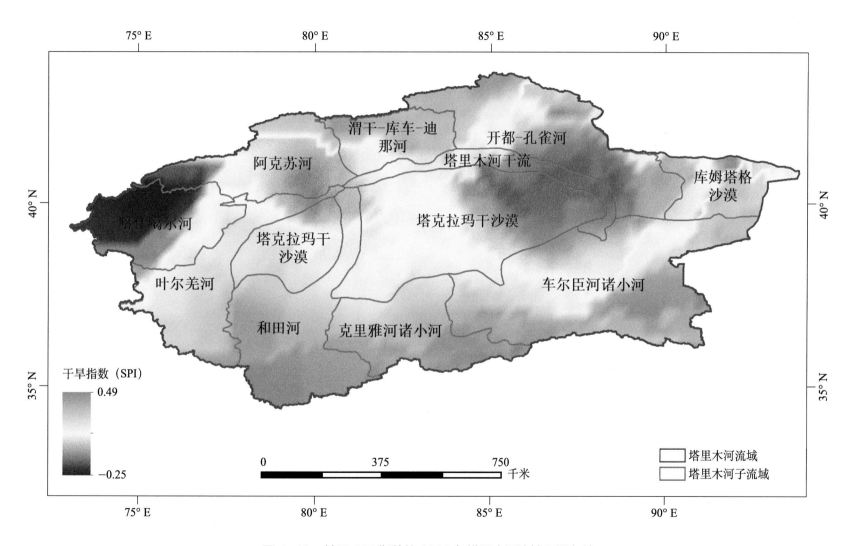

图 1-12 基于 SPI 指数的 2002 年塔里木河流域干湿条件

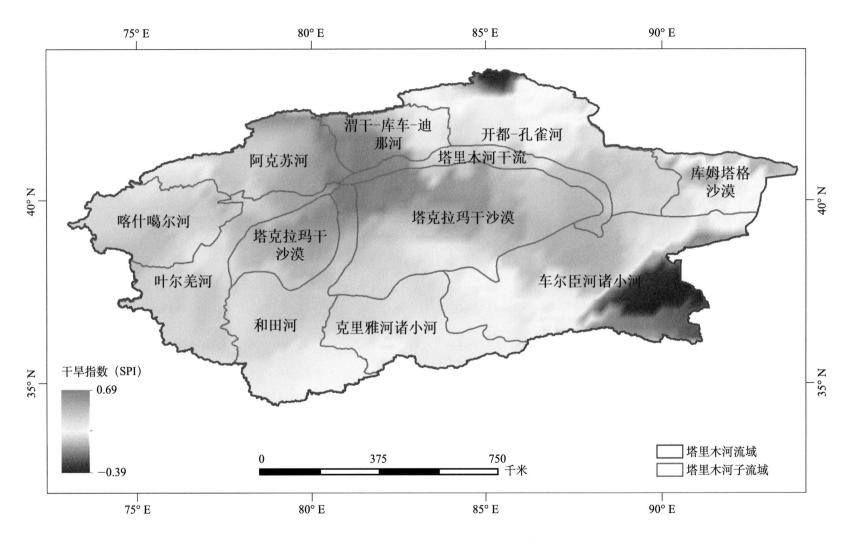

图 1-13　基于 SPI 指数的 2003 年塔里木河流域干湿条件

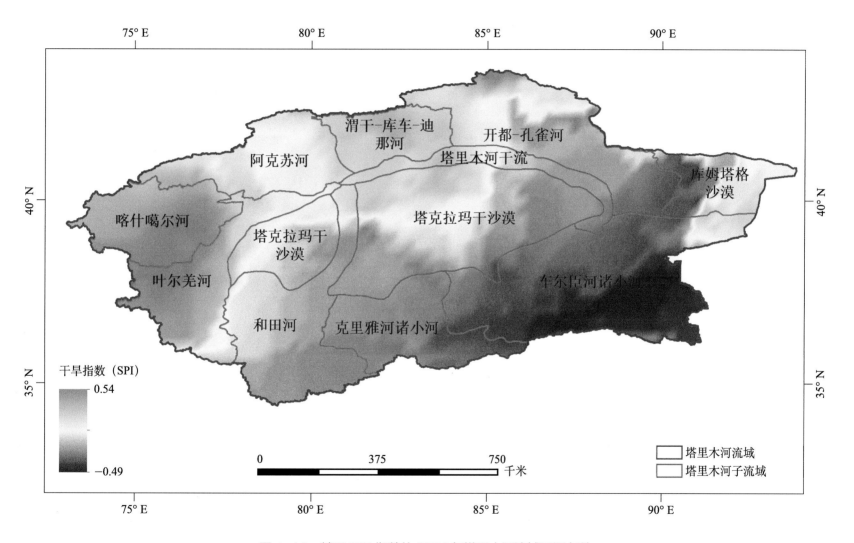

图1-14 基于SPI指数的2004年塔里木河流域干湿条件

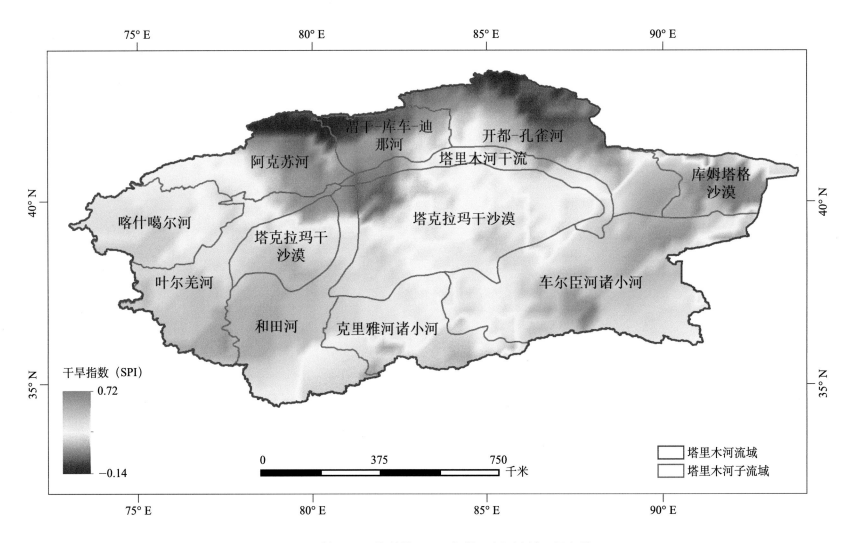

图 1-15　基于 SPI 指数的 2005 年塔里木河流域干湿条件

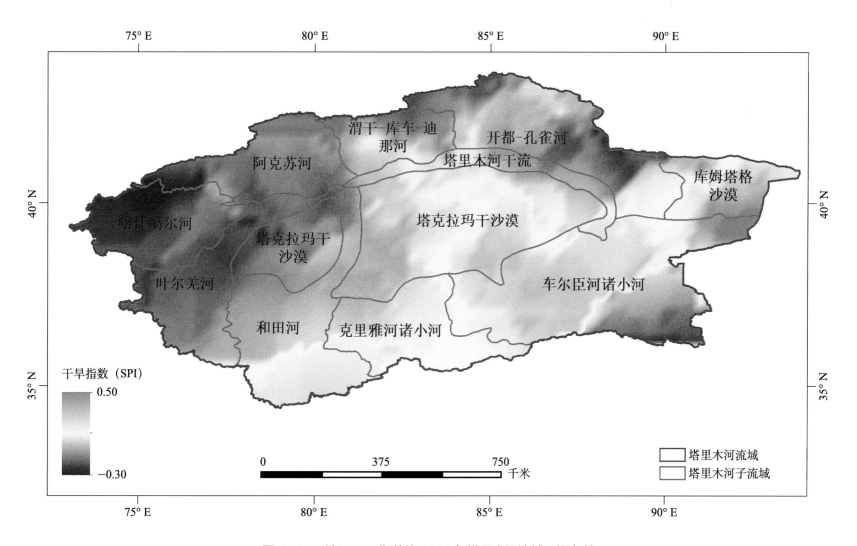

图 1-16　基于 SPI 指数的 2006 年塔里木河流域干湿条件

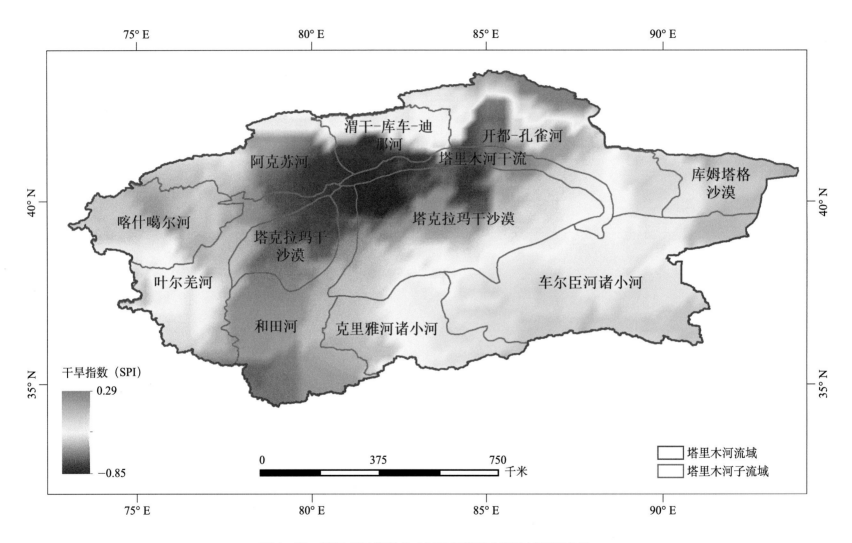

图 1-17 基于 SPI 指数的 2007 年塔里木河流域干湿条件

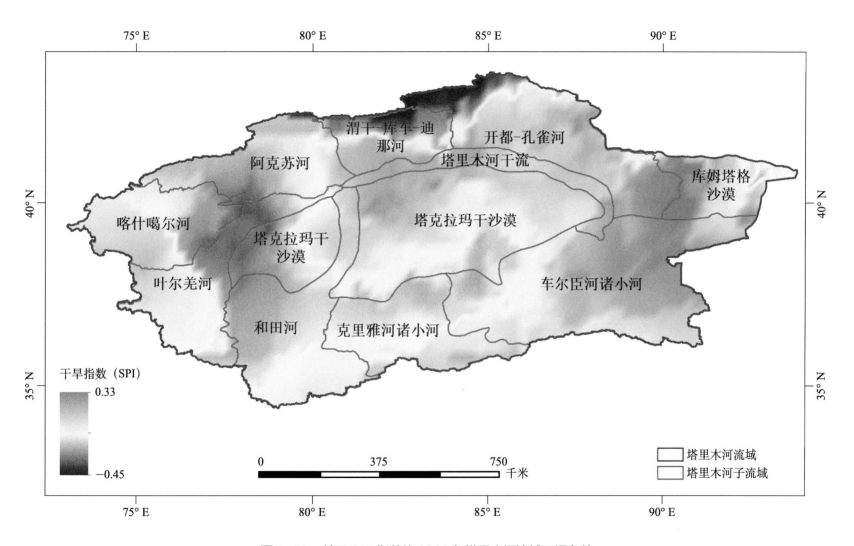

图 1-18 基于 SPI 指数的 2008 年塔里木河流域干湿条件

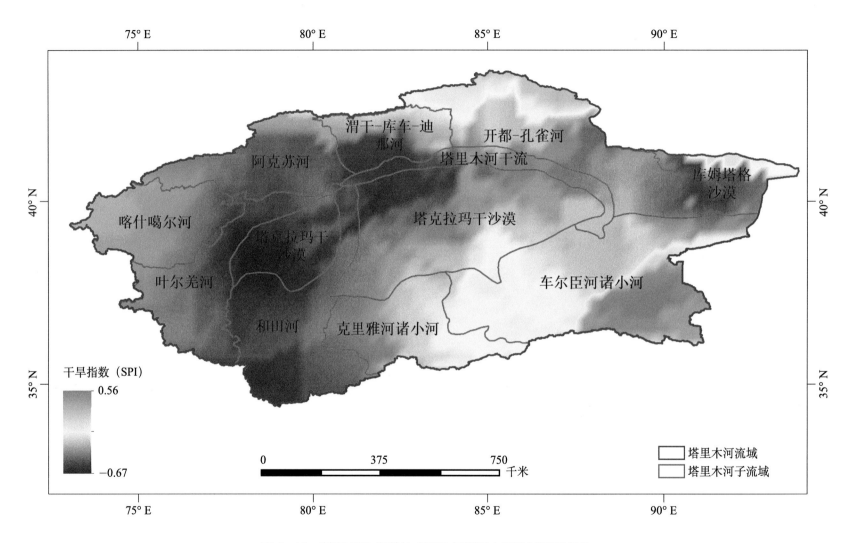

图 1-19　基于 SPI 指数的 2009 年塔里木河流域干湿条件

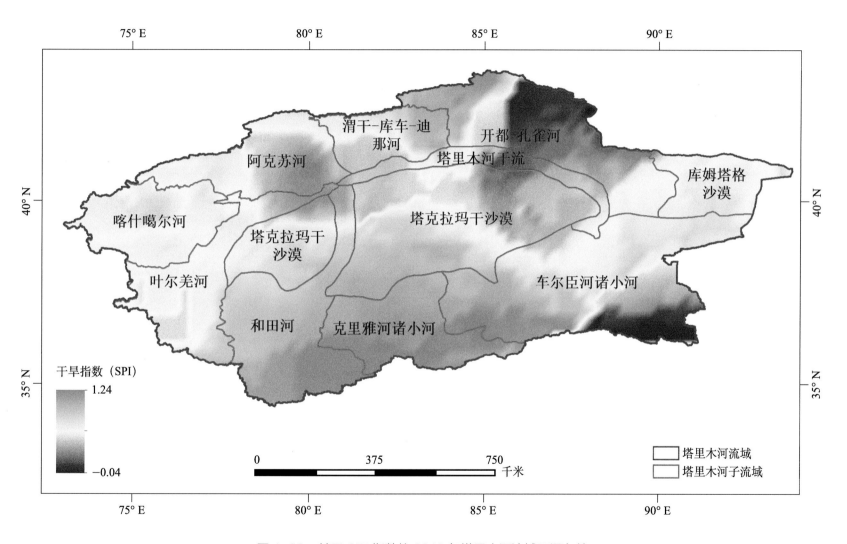

图 1-20　基于 SPI 指数的 2010 年塔里木河流域干湿条件

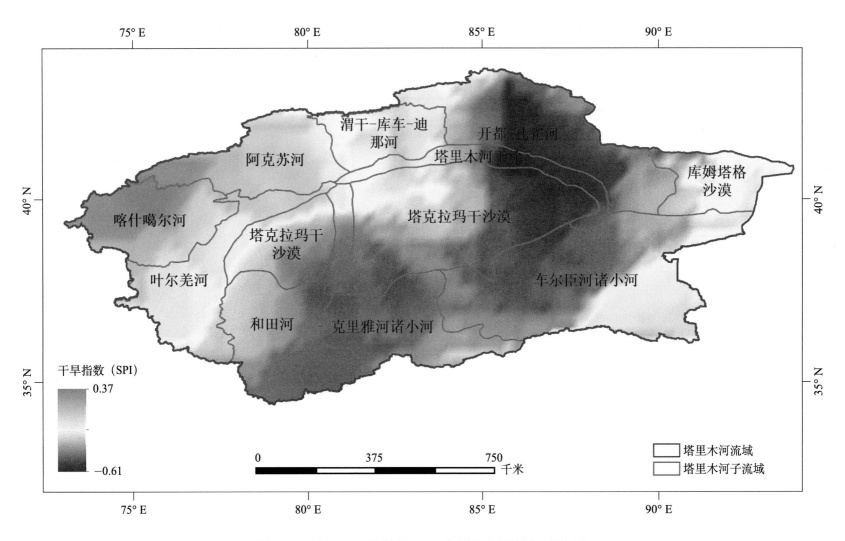

图 1-21　基于 SPI 指数的 2011 年塔里木河流域干湿条件

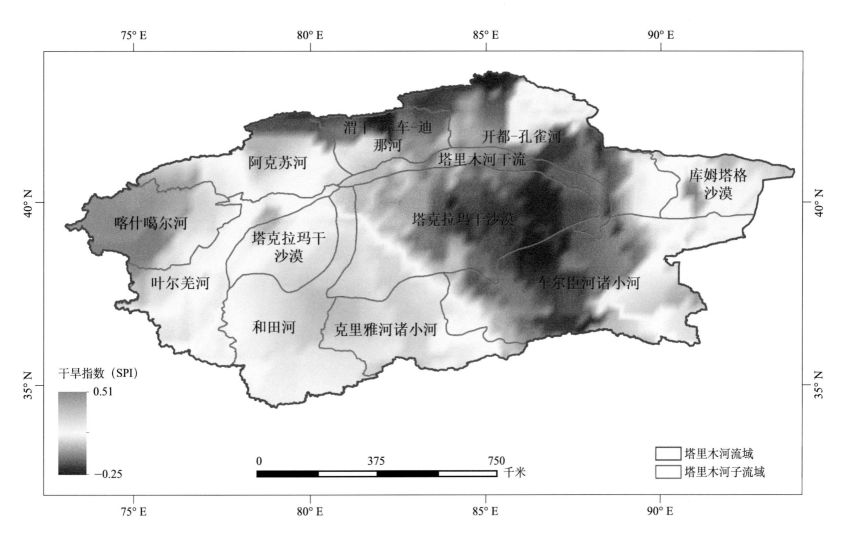

图 1-22　基于 SPI 指数的 2012 年塔里木河流域干湿条件

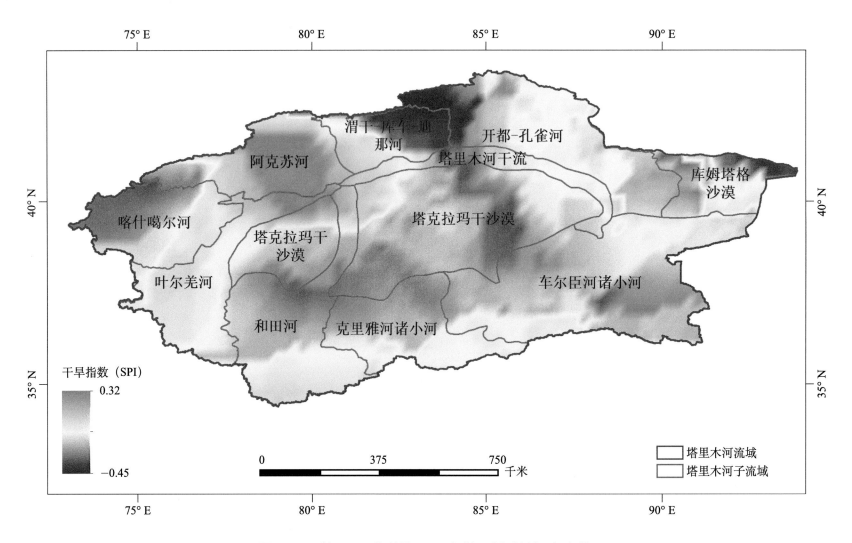

图 1-23　基于 SPI 指数的 2013 年塔里木河流域干湿条件

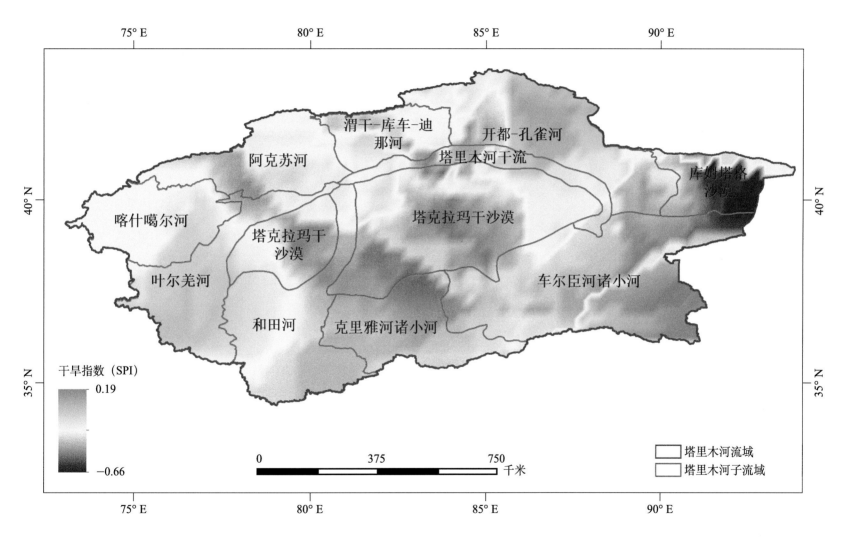

图 1-24 基于 SPI 指数的 2014 年塔里木河流域干湿条件

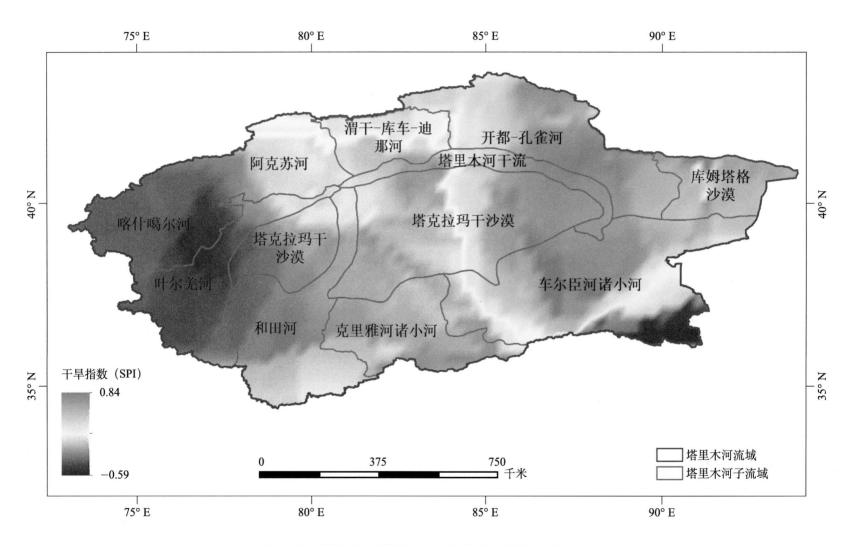

图 1-25 基于 SPI 指数的 2015 年塔里木河流域干湿条件

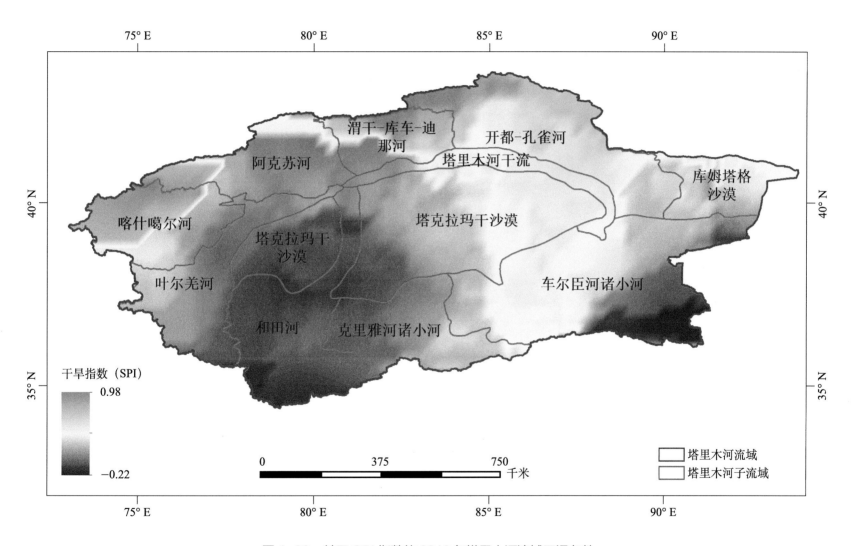

图 1-26 基于 SPI 指数的 2016 年塔里木河流域干湿条件

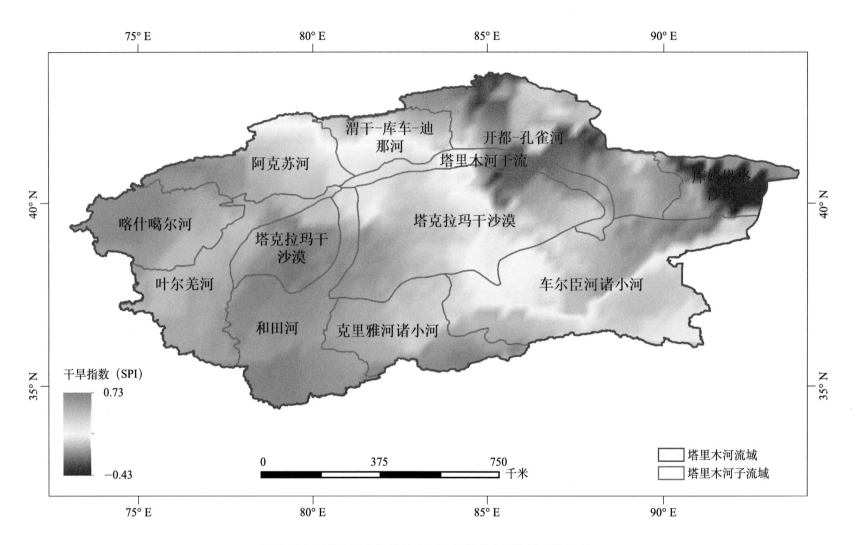

图 1-27　基于 SPI 指数的 2017 年塔里木河流域干湿条件

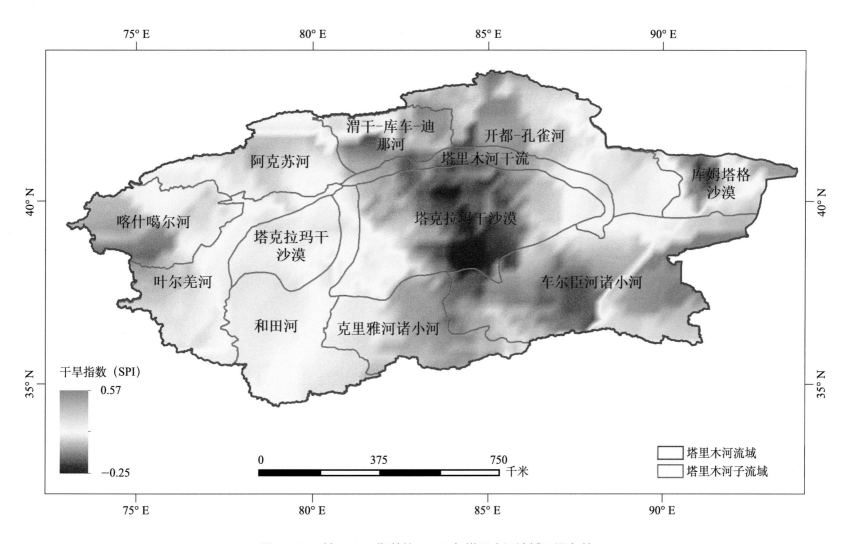

图 1-28　基于 SPI 指数的 2018 年塔里木河流域干湿条件

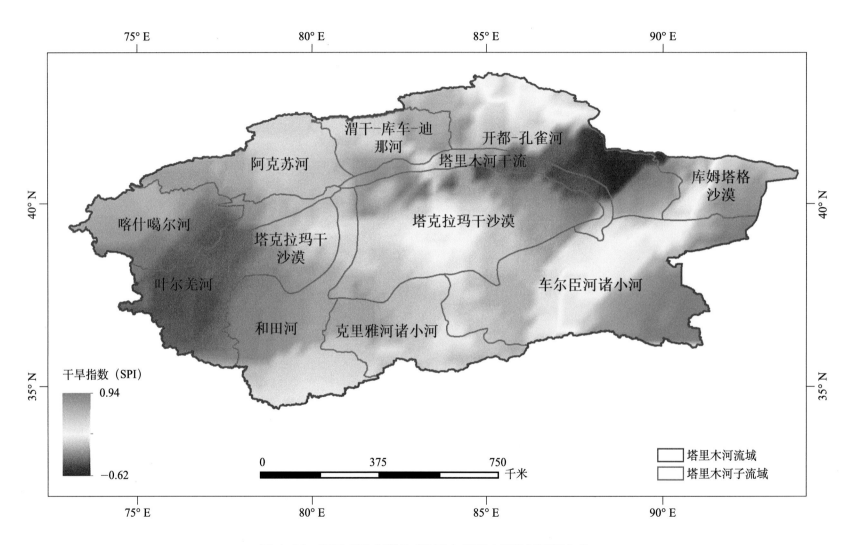

图 1-29　基于 SPI 指数的 2019 年塔里木河流域干湿条件

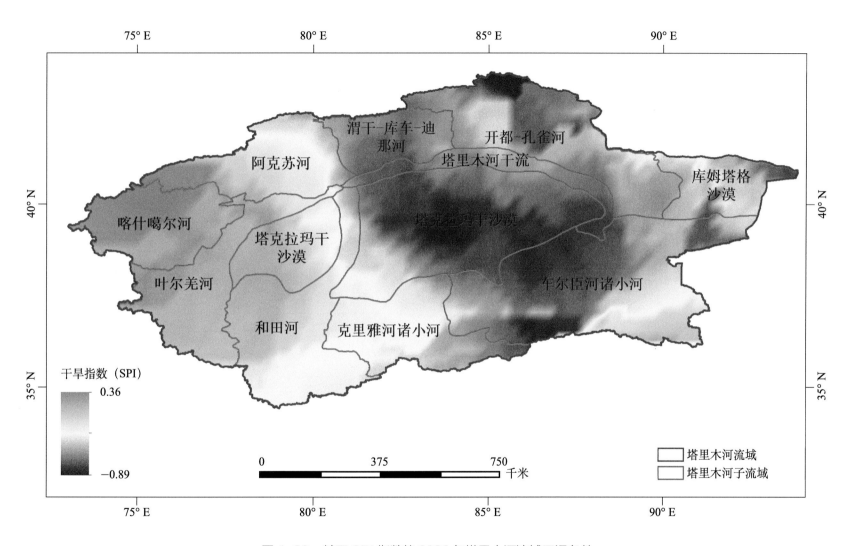

图 1-30　基于 SPI 指数的 2020 年塔里木河流域干湿条件

第二部分

1991—2020 年塔里木河流域干旱（SPEI）

本部分共计 30 幅图，展示了 1991—2020 年基于 SPEI 指数的塔里木河流域逐年干旱的空间分布特征和演变规律。1991—2020 年，基于降水和蒸散量的 SPEI 指数表明流域呈变干趋势。全球变暖背景下，塔里木河流域所在干旱区升温显著，蒸散加剧，且蒸散增加引起的水分消耗超过降水增加带来的水分供给，因此，考虑降雨和蒸散量的 SPEI 指数表明流域呈变干趋势。尽管时间上基于 SPEI 指数和 SPI 指数对塔里木河流域近 30 年的干湿演化趋势分析结果相反，但因考虑气象因素不同，所得结果并不矛盾。空间上，SPEI 指数与 SPI 指数指示的塔里木河流域逐年干湿格局具有较高相似性。此外，SPEI 指数同样捕捉到 2009 年塔里木河流域的严重干旱，而 2009 年也是塔里木河历史上断流时间和断流河道最长的一年。

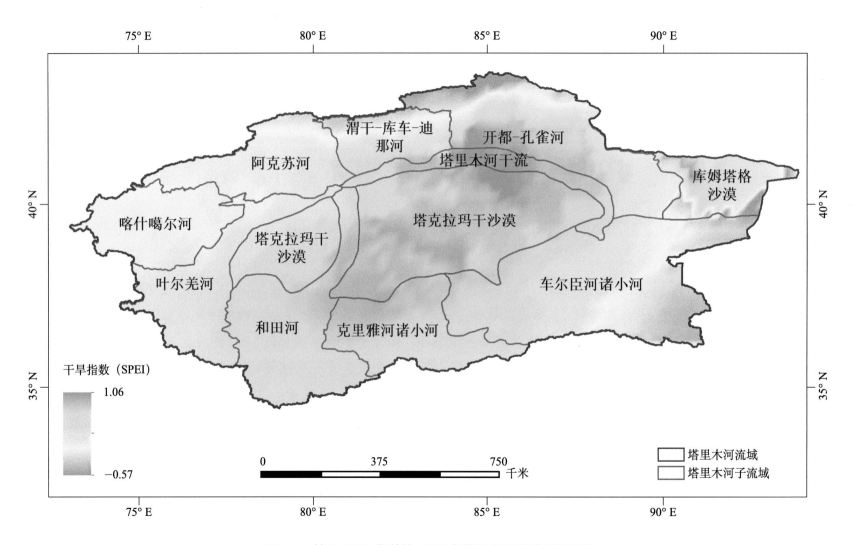

图 2-1　基于 SPEI 指数的 1991 年塔里木河流域干湿条件

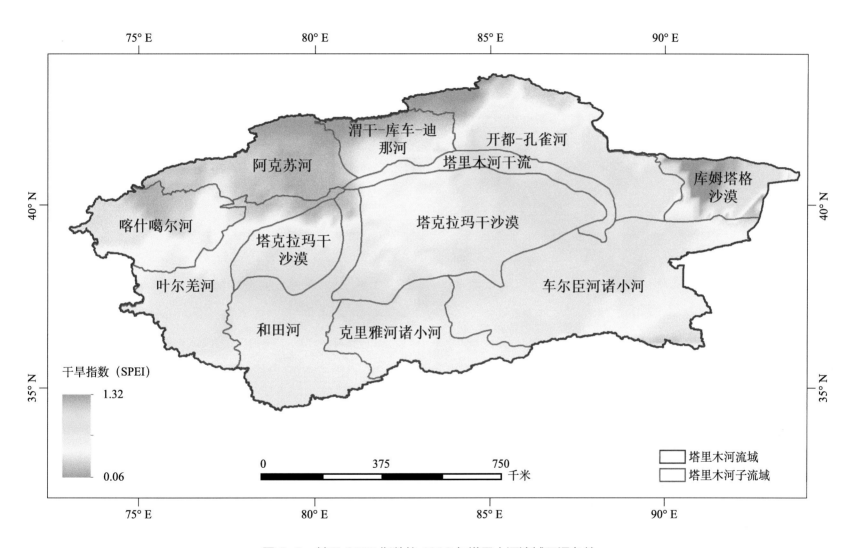

图 2-2　基于 SPEI 指数的 1992 年塔里木河流域干湿条件

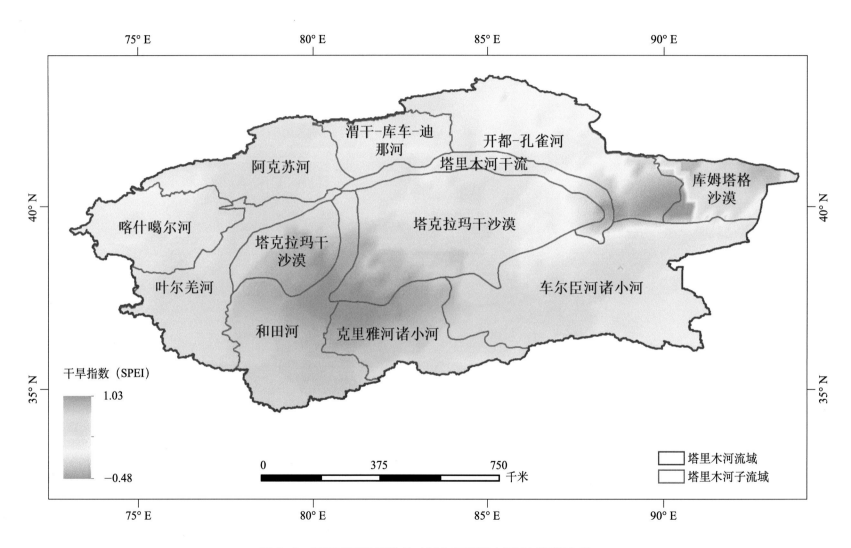

图2-3 基于SPEI指数的1993年塔里木河流域干湿条件

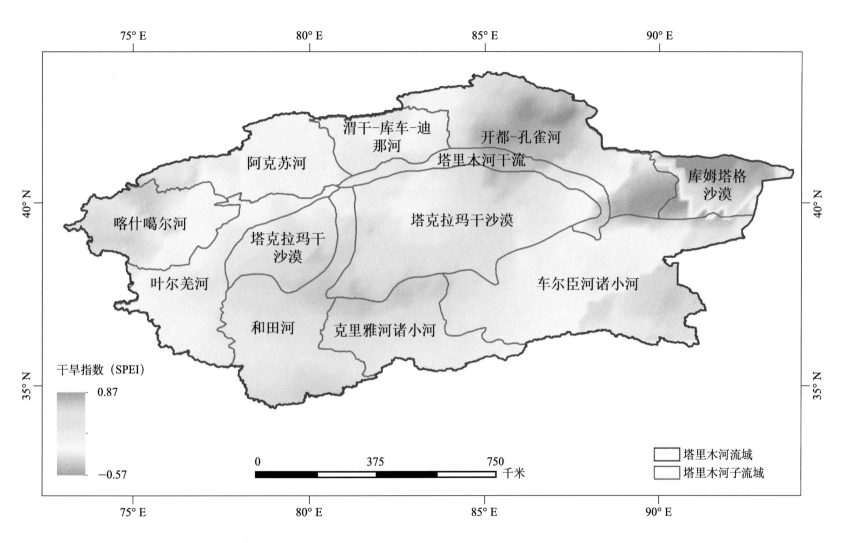

图 2-4　基于 SPEI 指数的 1994 年塔里木河流域干湿条件

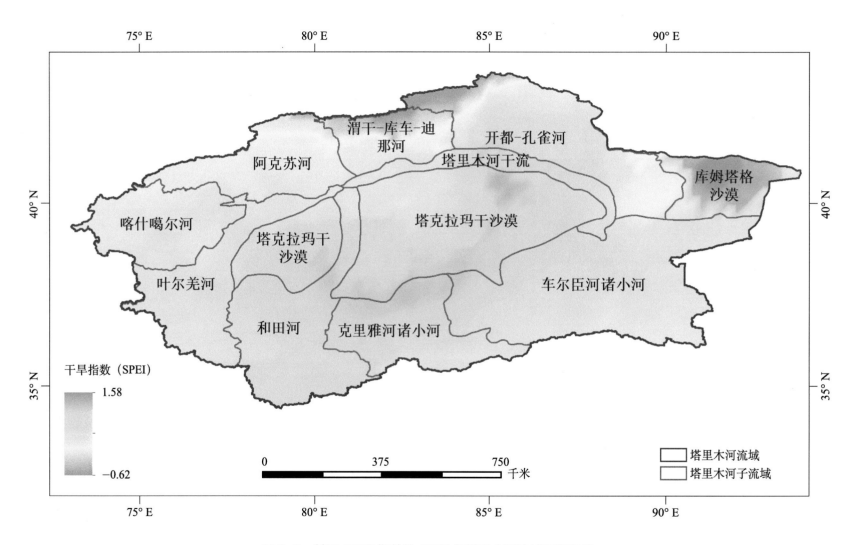

图 2-5　基于 SPEI 指数的 1995 年塔里木河流域干湿条件

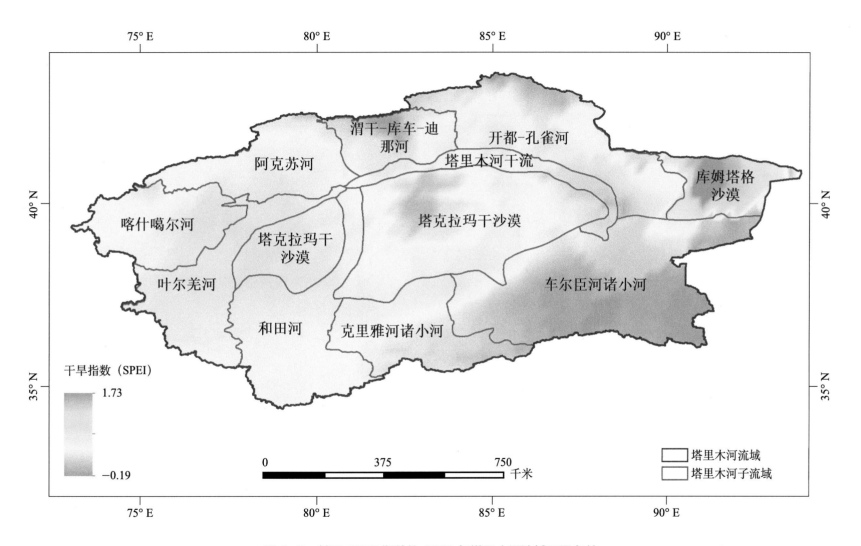

图 2-6　基于 SPEI 指数的 1996 年塔里木河流域干湿条件

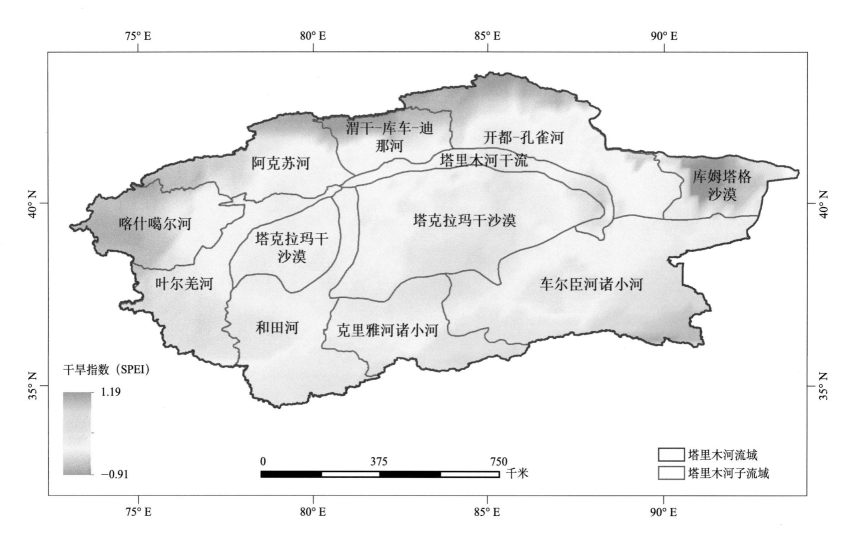

图 2-7　基于 SPEI 指数的 1997 年塔里木河流域干湿条件

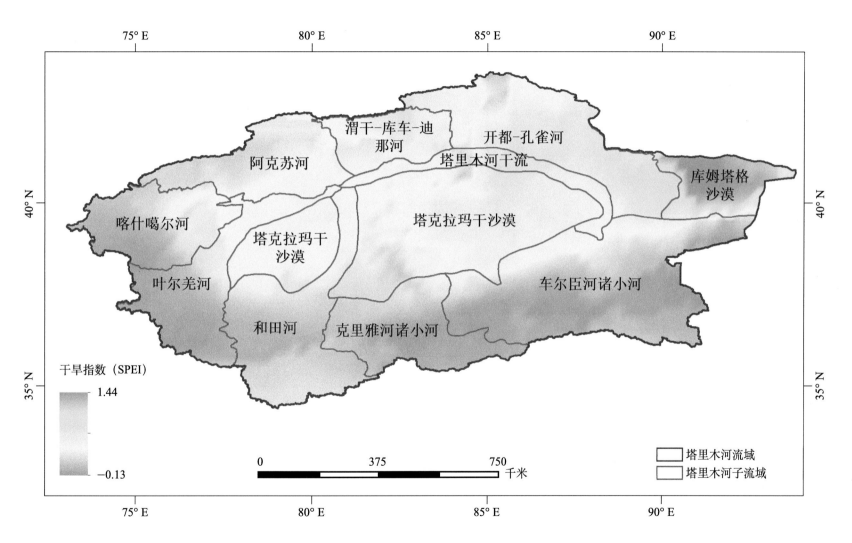

图 2-8 基于 SPEI 指数的 1998 年塔里木河流域干湿条件

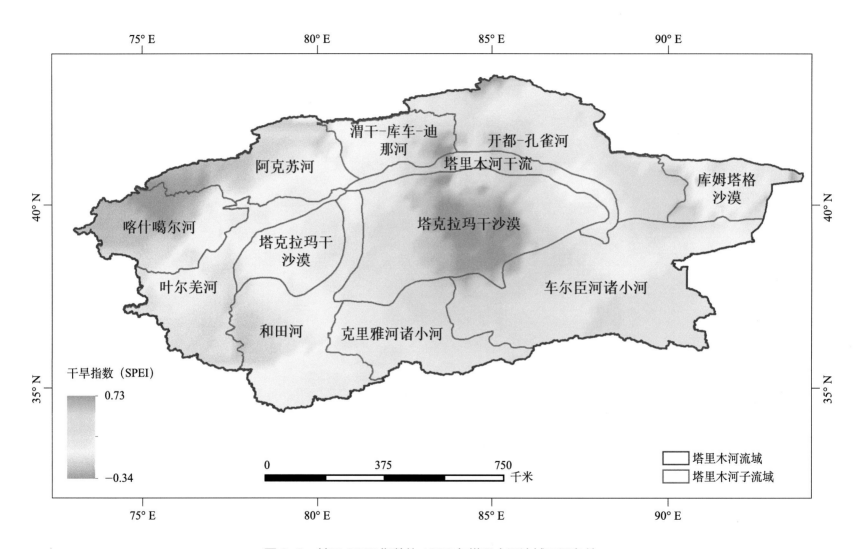

图 2-9　基于 SPEI 指数的 1999 年塔里木河流域干湿条件

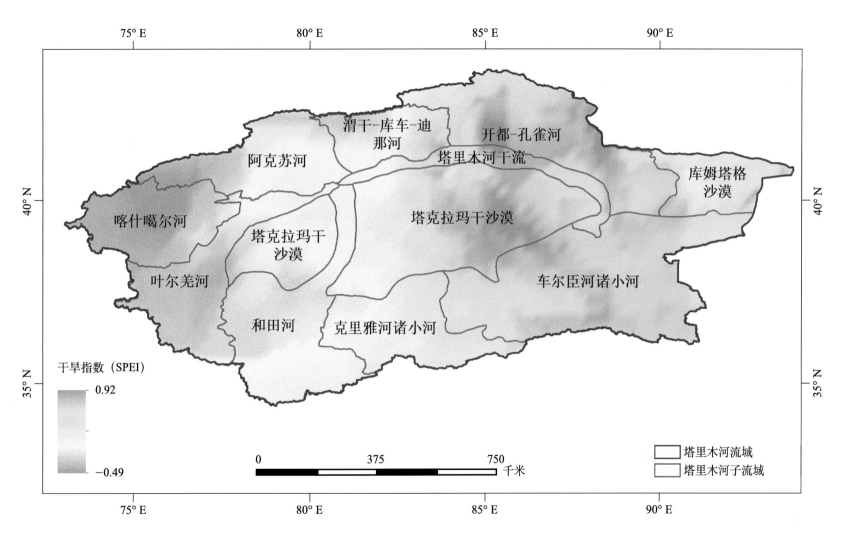

图 2-10 基于 SPEI 指数的 2000 年塔里木河流域干湿条件

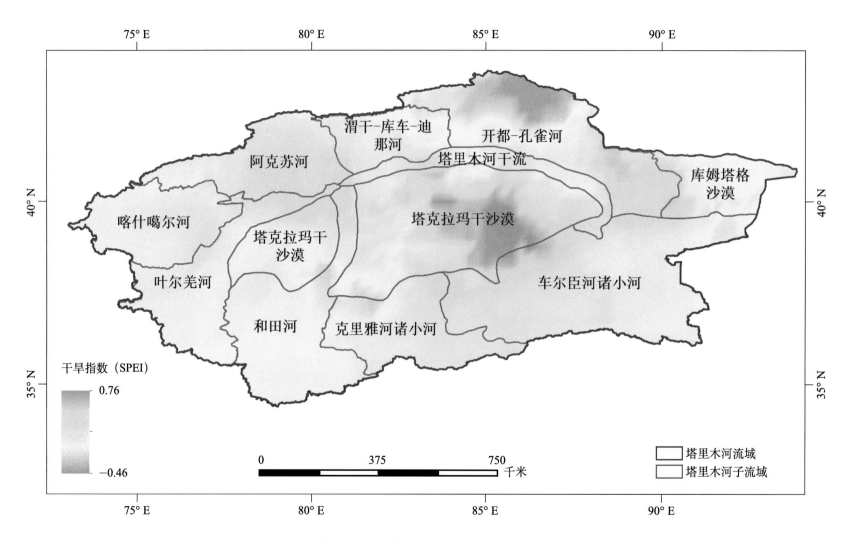

图 2-11　基于 SPEI 指数的 2001 年塔里木河流域干湿条件

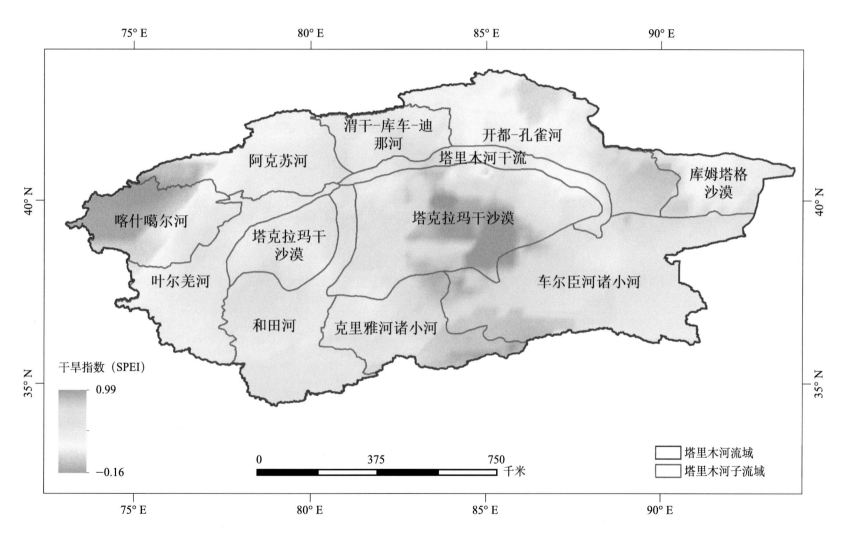

图 2-12 基于 SPEI 指数的 2002 年塔里木河流域干湿条件

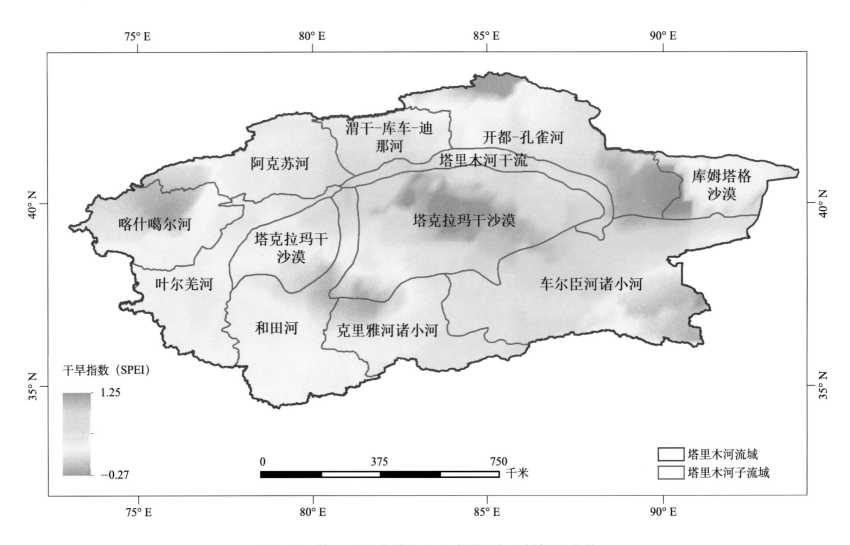

图 2-13　基于 SPEI 指数的 2003 年塔里木河流域干湿条件

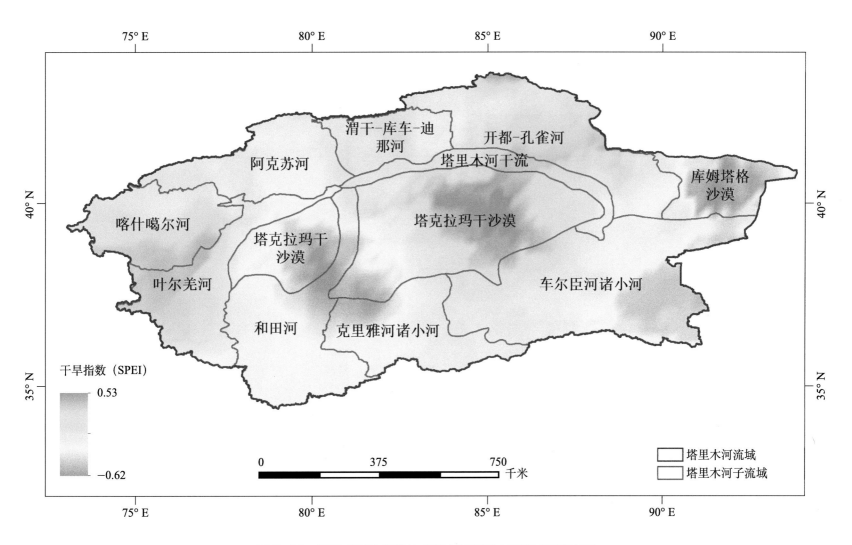

图 2-14　基于 SPEI 指数的 2004 年塔里木河流域干湿条件

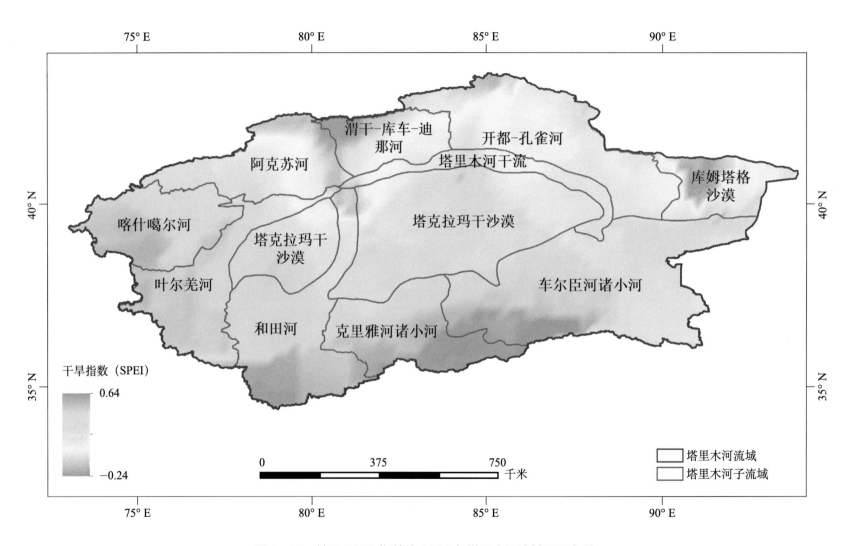

图2-15 基于SPEI指数的2005年塔里木河流域干湿条件

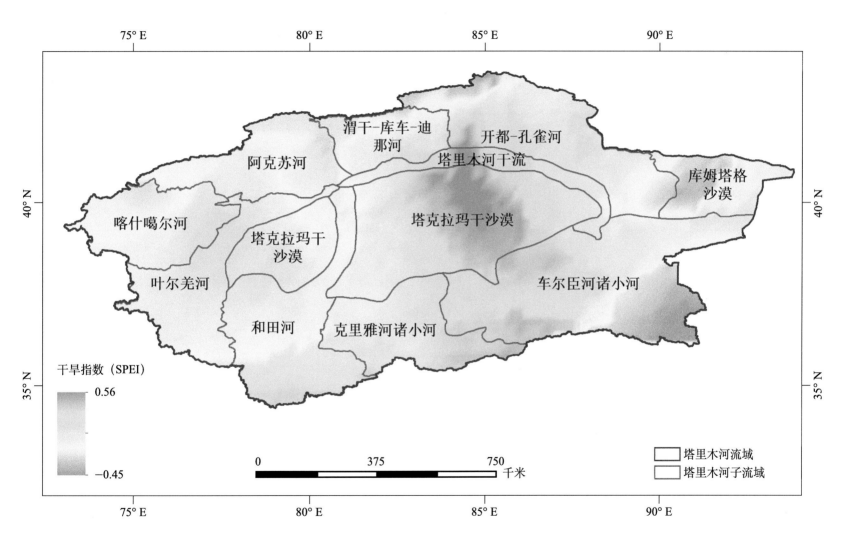

图 2-16 基于 SPEI 指数的 2006 年塔里木河流域干湿条件

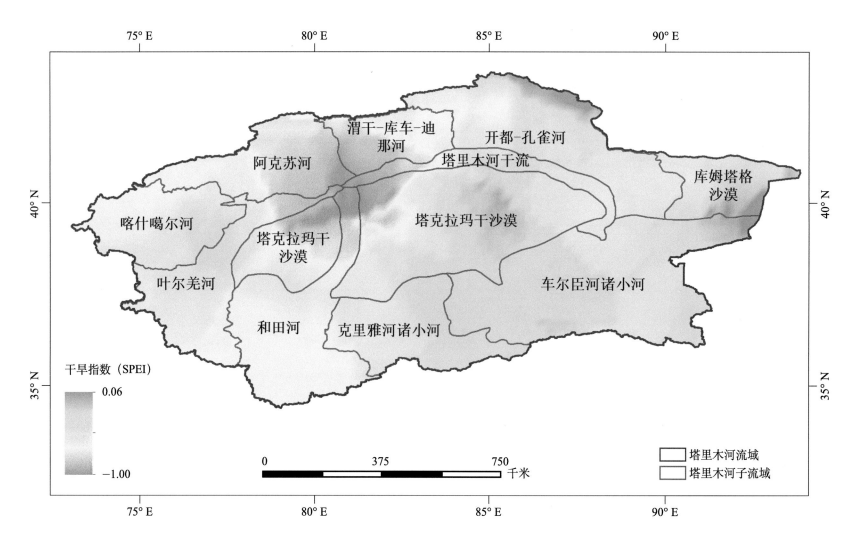

图 2-17　基于 SPEI 指数的 2007 年塔里木河流域干湿条件

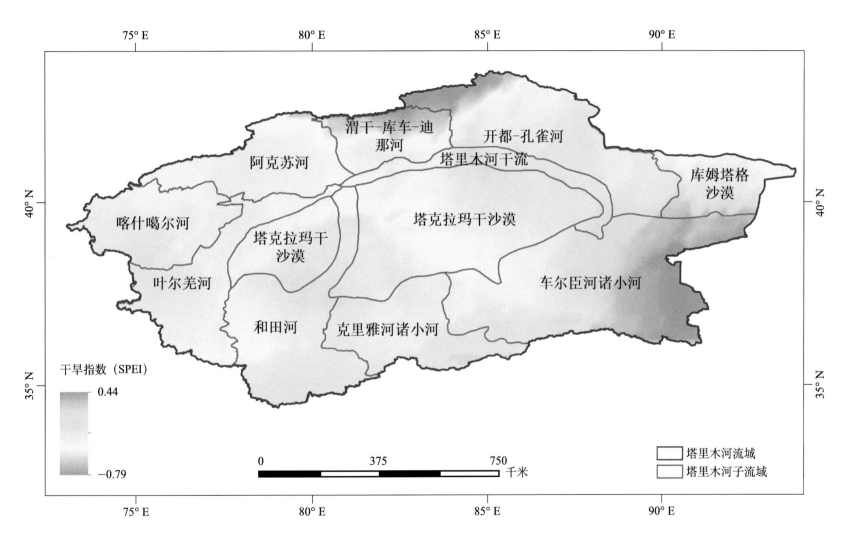

图2-18　基于SPEI指数的2008年塔里木河流域干湿条件

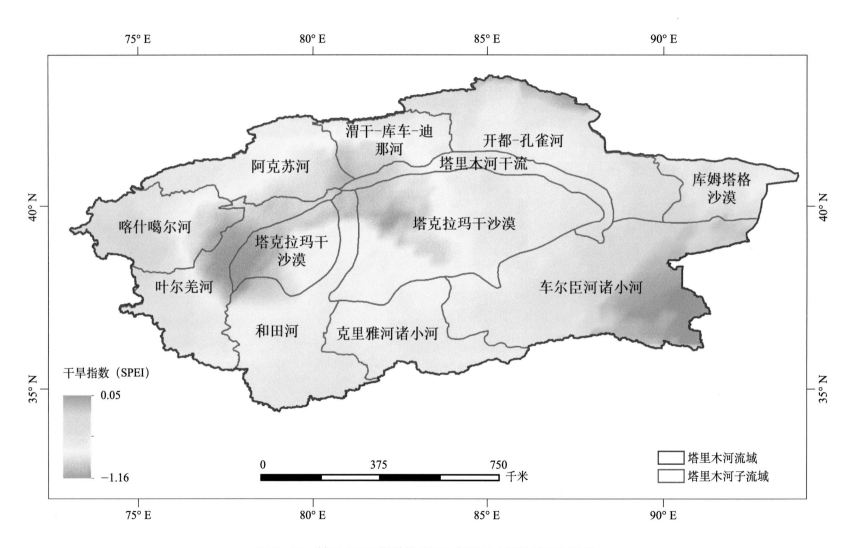

图 2-19　基于 SPEI 指数的 2009 年塔里木河流域干湿条件

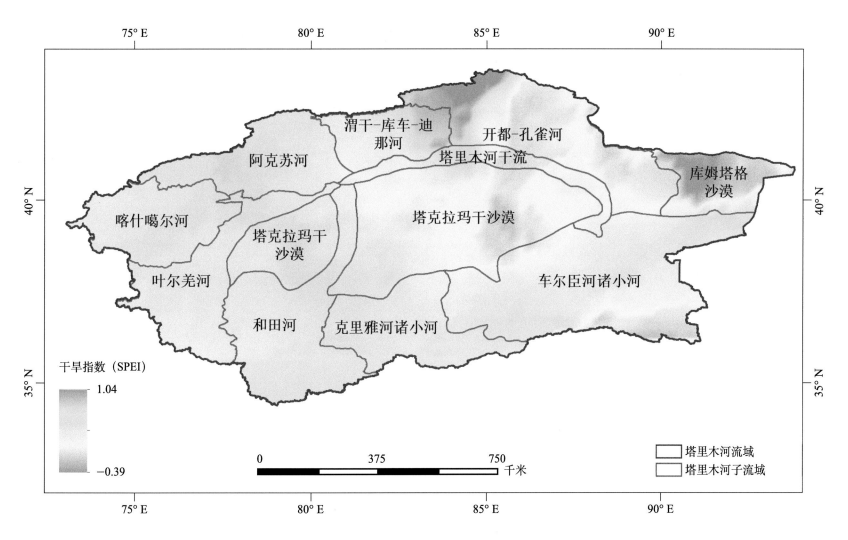

图 2-20　基于 SPEI 指数的 2010 年塔里木河流域干湿条件

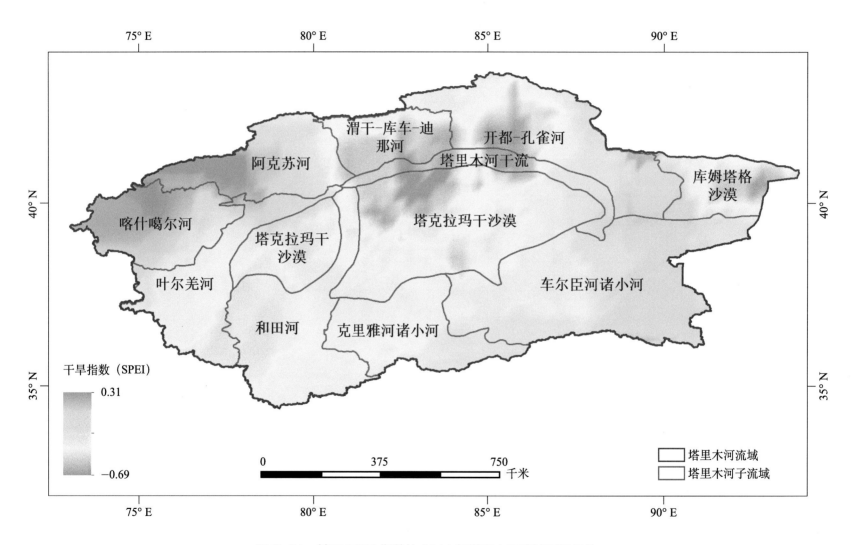

图 2-21　基于 SPEI 指数的 2011 年塔里木河流域干湿条件

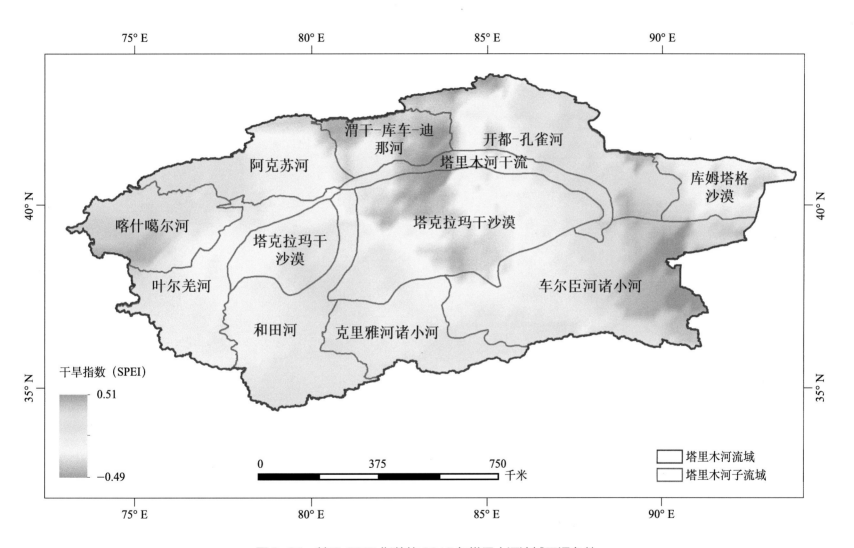

图 2-22 基于 SPEI 指数的 2012 年塔里木河流域干湿条件

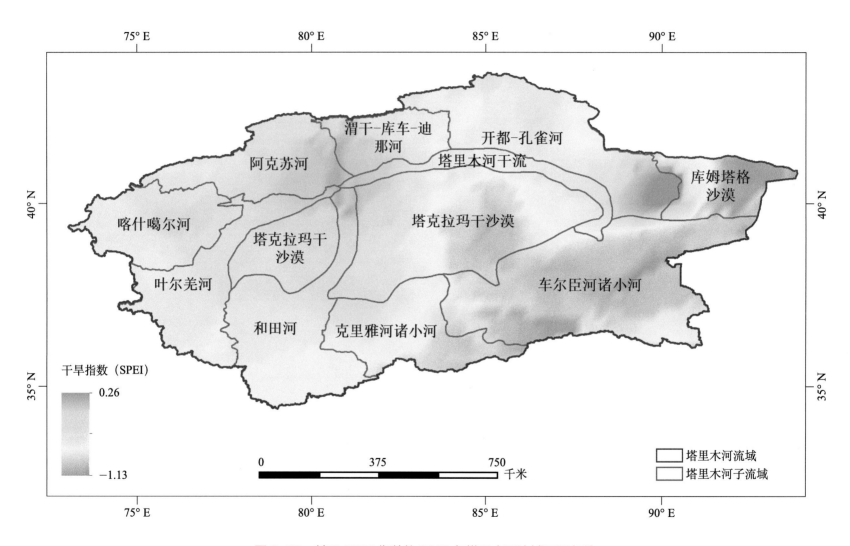

图 2-23　基于 SPEI 指数的 2013 年塔里木河流域干湿条件

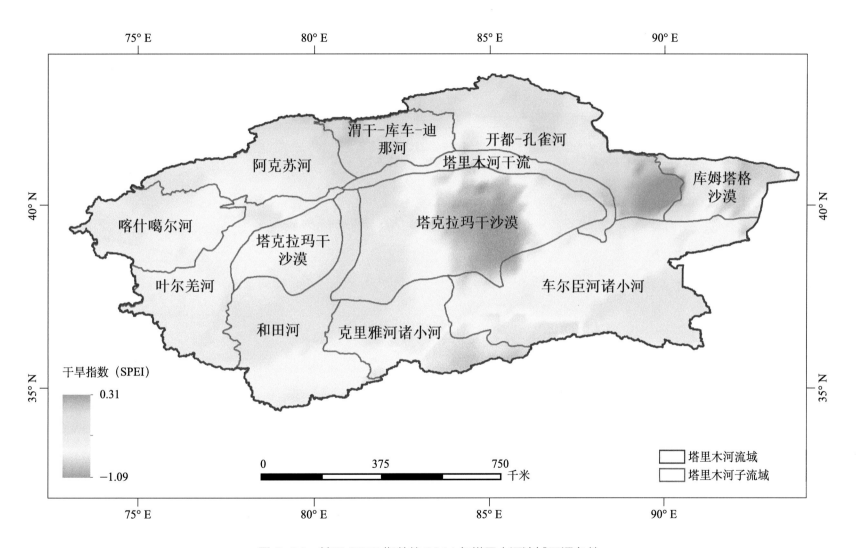

图 2-24　基于 SPEI 指数的 2014 年塔里木河流域干湿条件

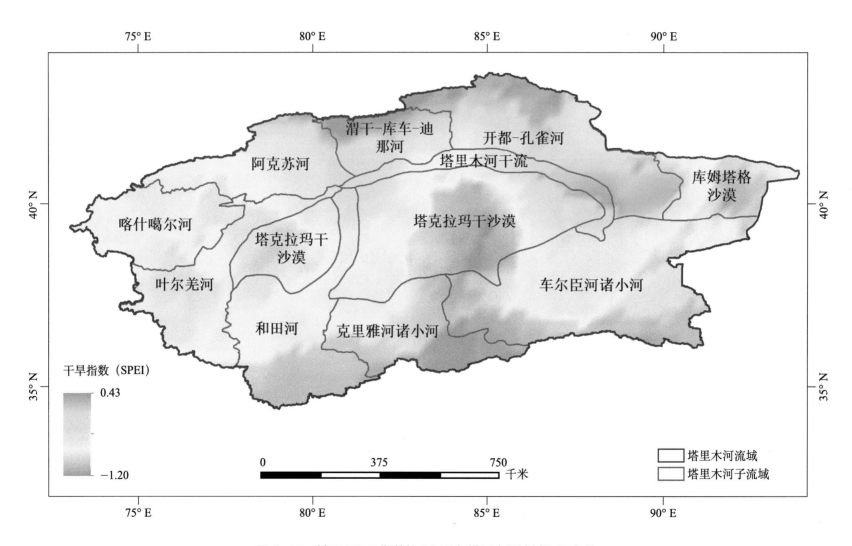

图 2-25　基于 SPEI 指数的 2015 年塔里木河流域干湿条件

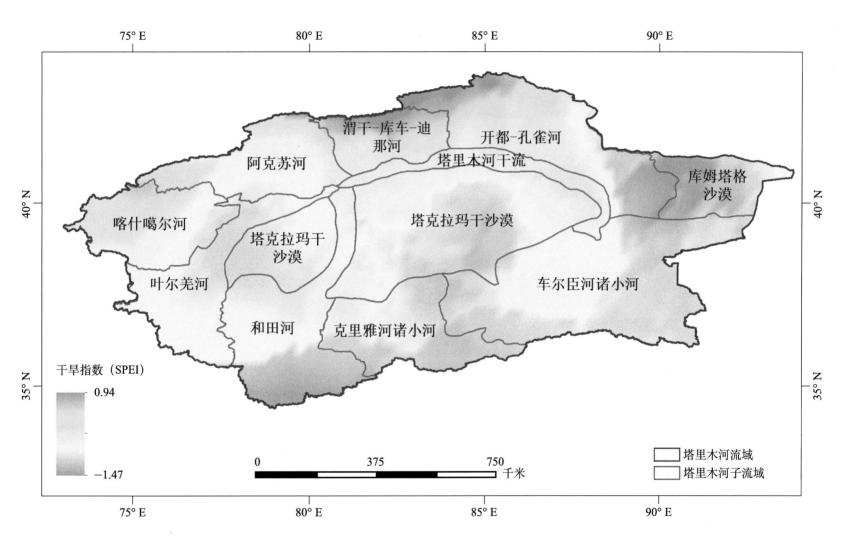

图 2-26　基于 SPEI 指数的 2016 年塔里木河流域干湿条件

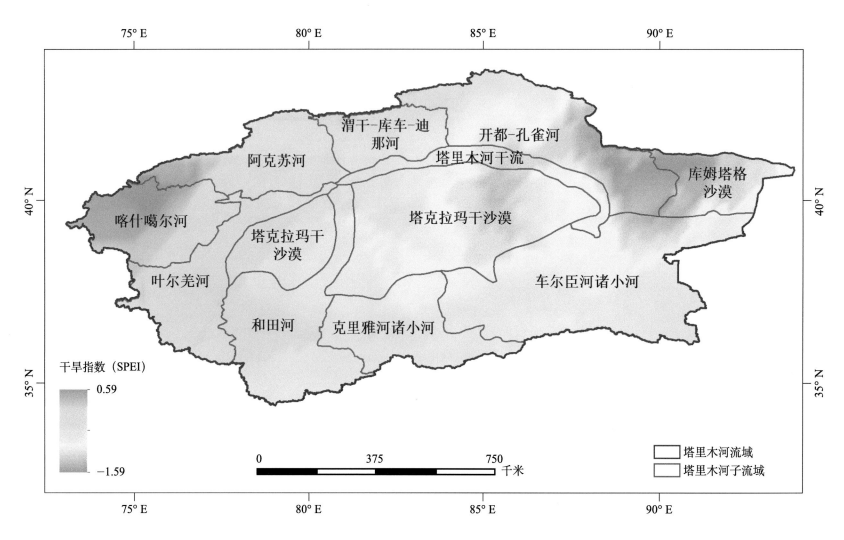

图 2-27　基于 SPEI 指数的 2017 年塔里木河流域干湿条件

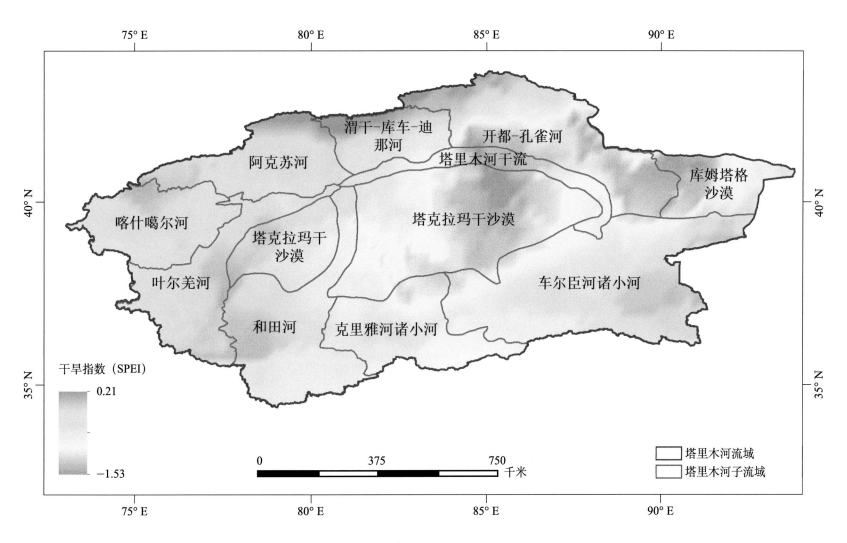

图 2-28 基于 SPEI 指数的 2018 年塔里木河流域干湿条件

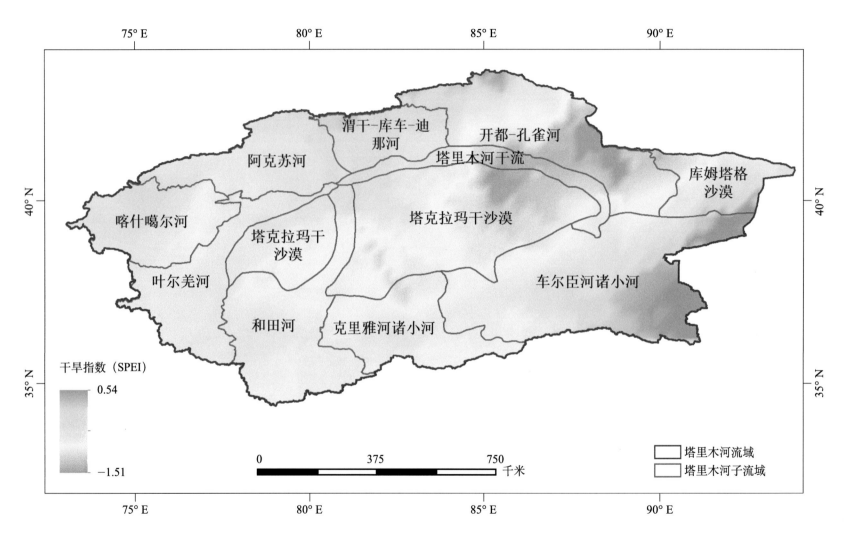

图 2-29　基于 SPEI 指数的 2019 年塔里木河流域干湿条件

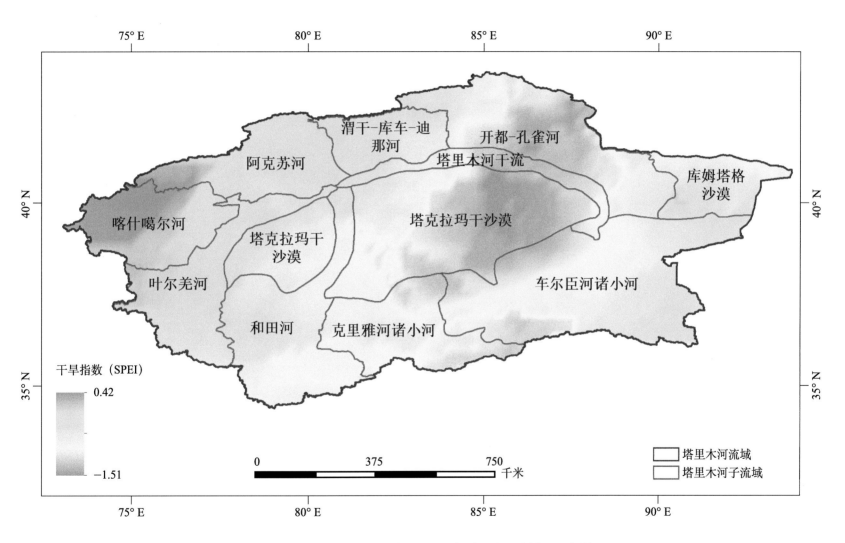

图 2-30 基于 SPEI 指数的 2020 年塔里木河流域干湿条件

第三部分

1991—2020 年塔里木河流域洪水淹没面积

　　本部分共计 30 幅图，展示了 1991—2020 年塔里木河流域逐年洪水淹没面积的时空演变。基于改进的水文水动力洪水模拟结果表明，塔里木河流域洪水呈加剧趋势，尤其是在上游的叶尔羌河流域。历史洪水淹没面积多年平均占比约为 10%，主要集中在塔里木河中下游地区，包括干流下游和开都—孔雀河流域；源头支流淹没范围小但发生频率高，叶尔羌河和和田河受洪水影响大。塔里木河干流、阿克苏河、车尔臣河和开都—孔雀河洪水淹没范围在 2020 年达到最大，和田河洪水淹没范围在 2015 年达到最大，而叶尔羌河在 2000 年达到最大。年内洪水淹没结果表明塔里木河流域淹没范围变化幅度大，约为 7.3%，洪水淹没主要发生在夏季和秋季，最大地表淹没深度出现时间晚，在 10 月左右。塔里木河流域夏、秋气温高，冰雪融化速度快，叠加日益严重的山区强降雨，诱使混合型洪水发生而造成山区洪水淹没在夏、秋两季更加显著。

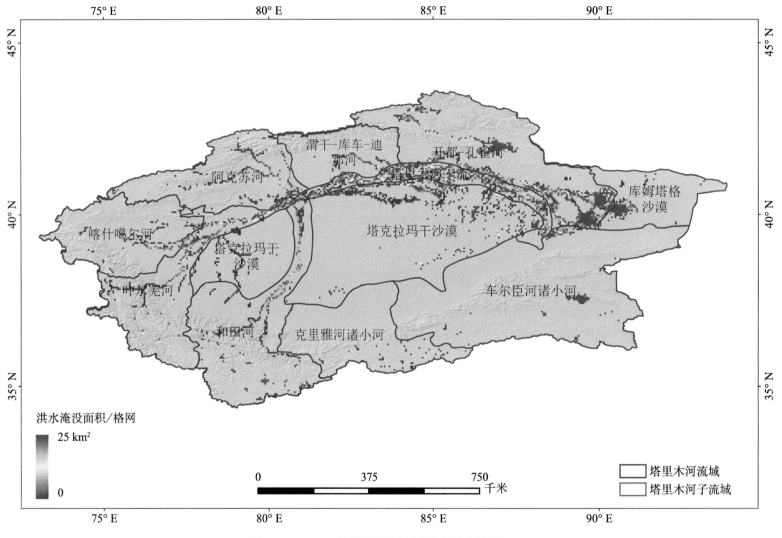

图 3-1　1991 年塔里木河流域洪水最大淹没面积

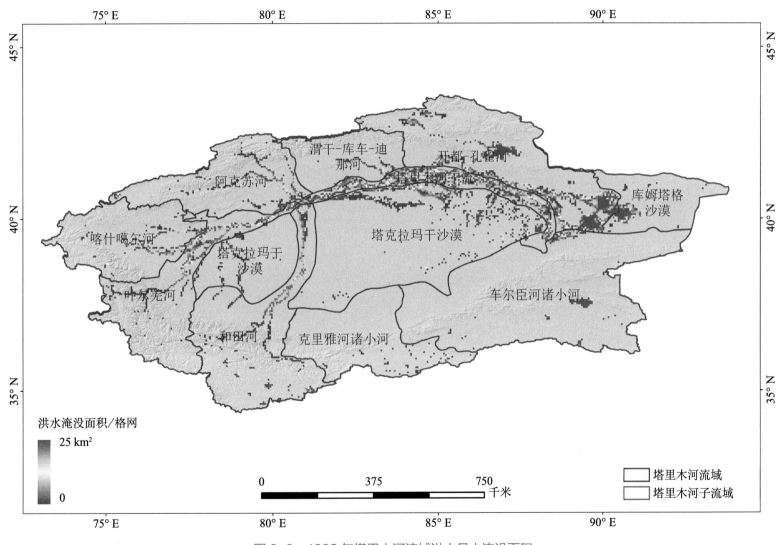

图 3-2 1992 年塔里木河流域洪水最大淹没面积

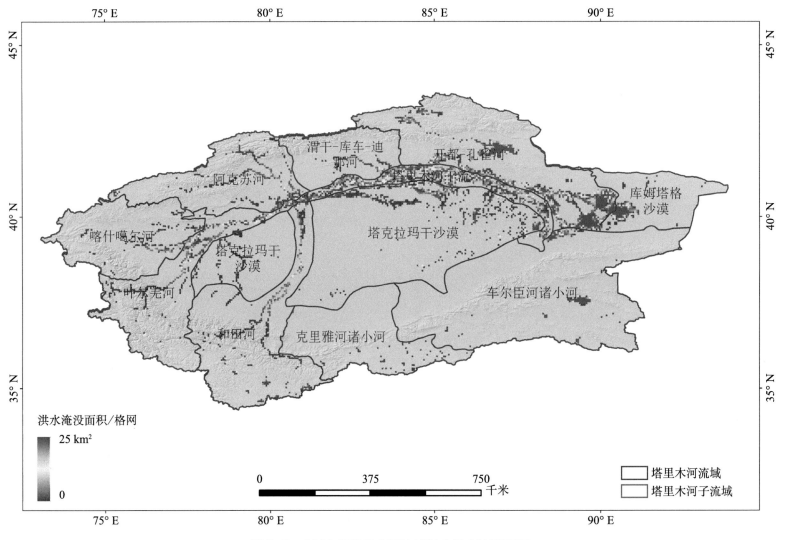

图 3-3　1993 年塔里木河流域洪水最大淹没面积

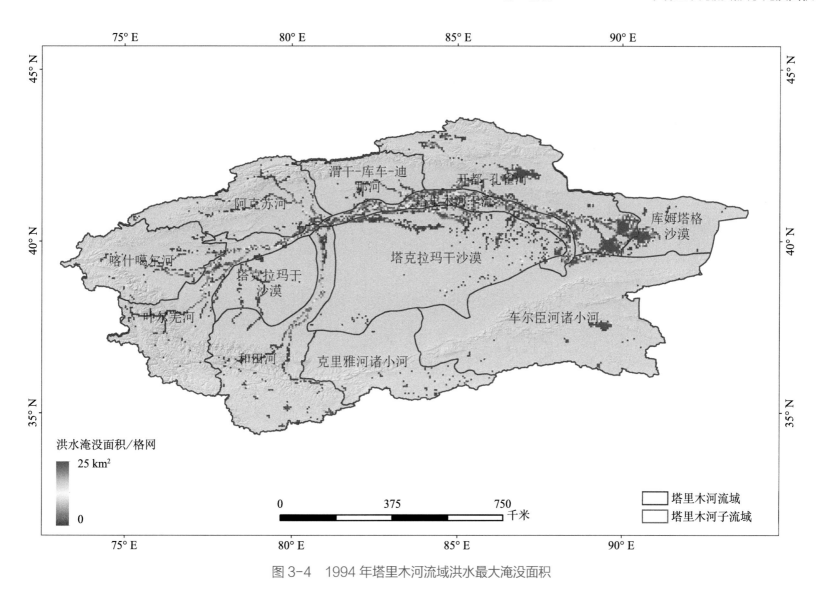

图 3-4　1994 年塔里木河流域洪水最大淹没面积

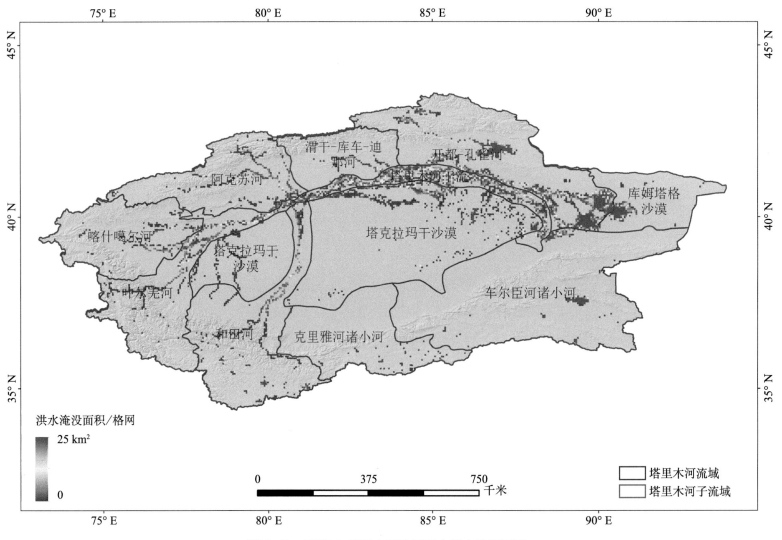

图 3-5　1995 年塔里木河流域洪水最大淹没面积

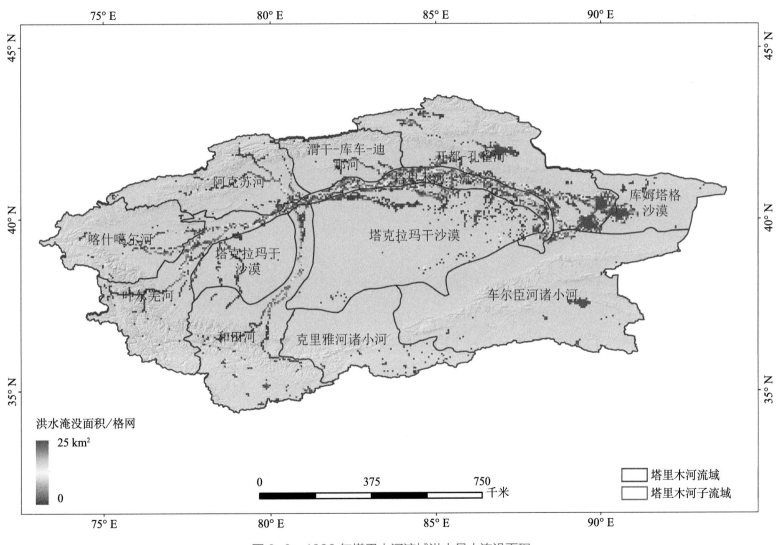

图 3-6　1996 年塔里木河流域洪水最大淹没面积

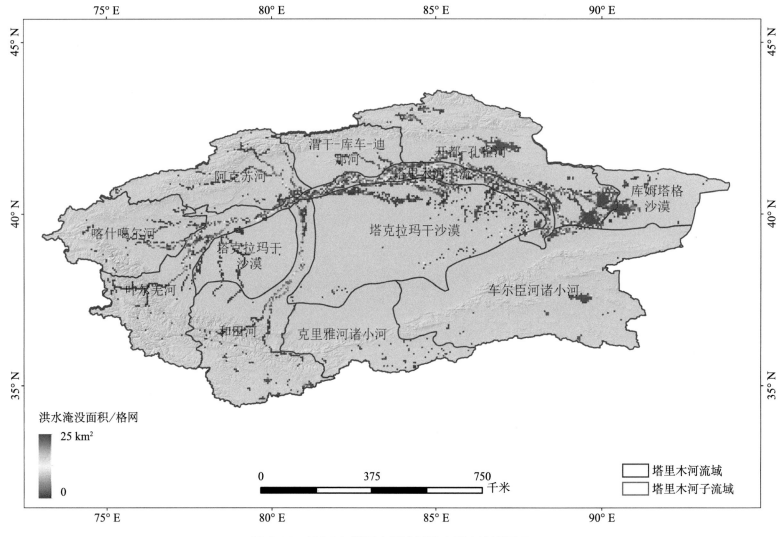

图3-7 1997年塔里木河流域洪水最大淹没面积

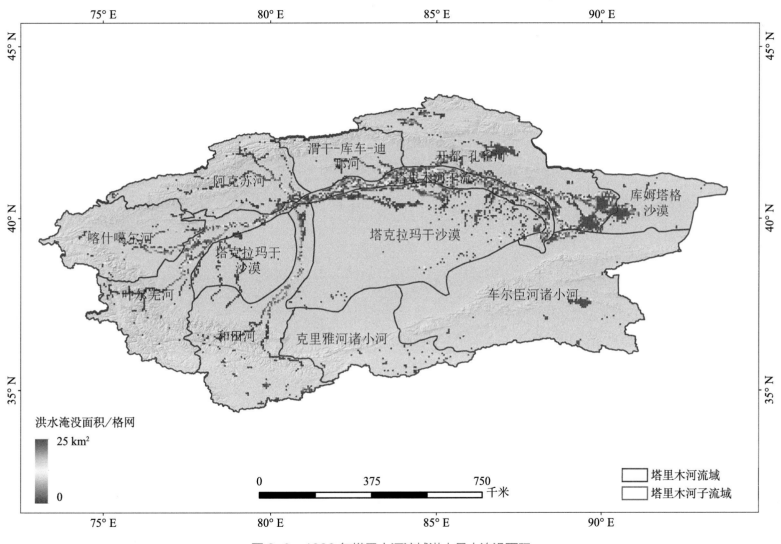

图 3-8　1998 年塔里木河流域洪水最大淹没面积

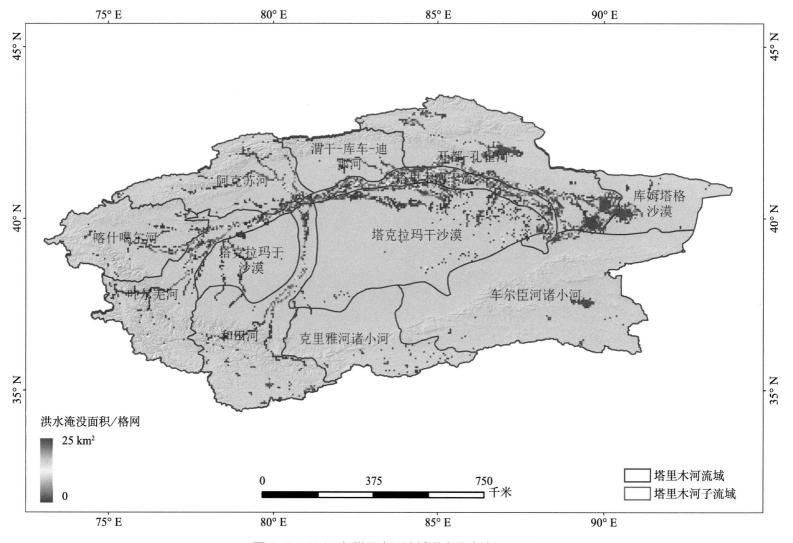

图 3-9　1999 年塔里木河流域洪水最大淹没面积

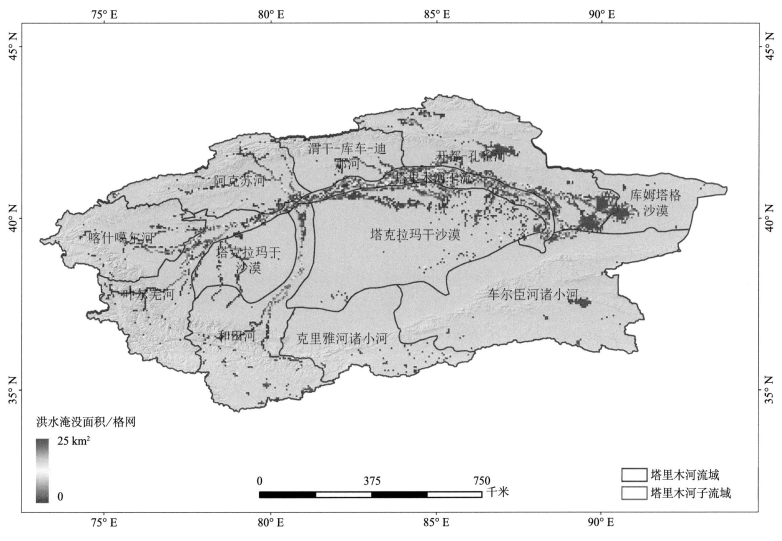

图 3-10 2000 年塔里木河流域洪水最大淹没面积

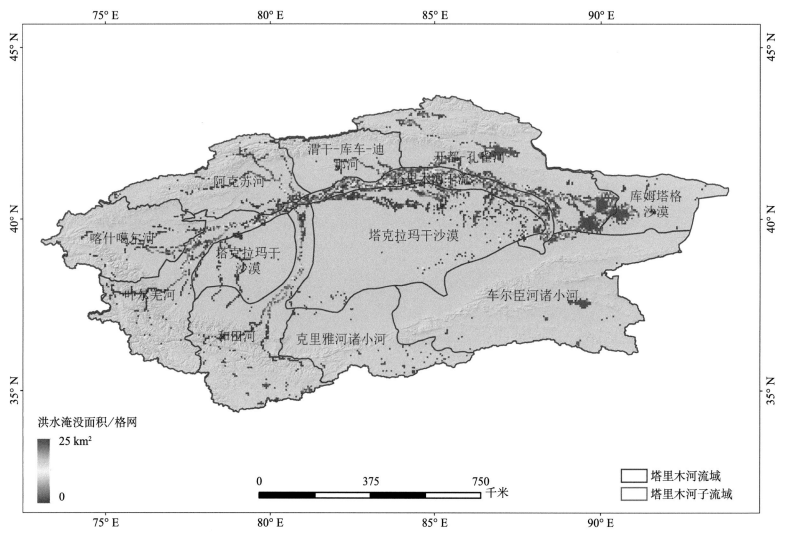

图 3-11　2001 年塔里木河流域洪水最大淹没面积

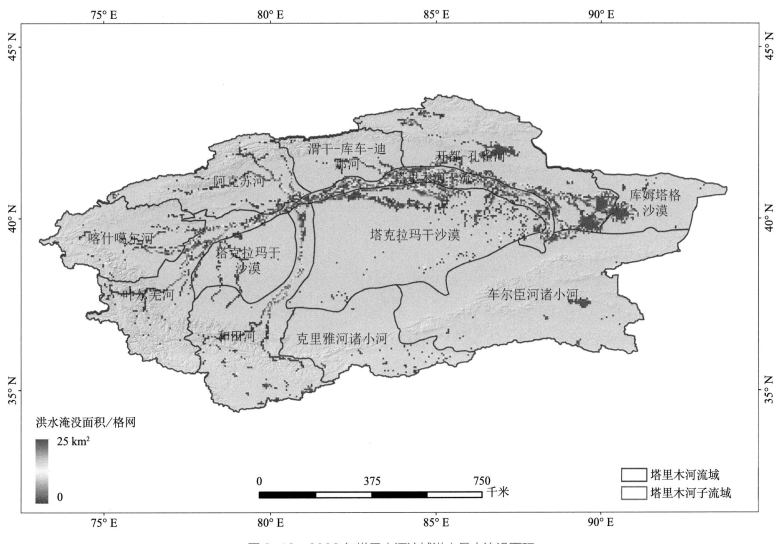

图 3-12　2002 年塔里木河流域洪水最大淹没面积

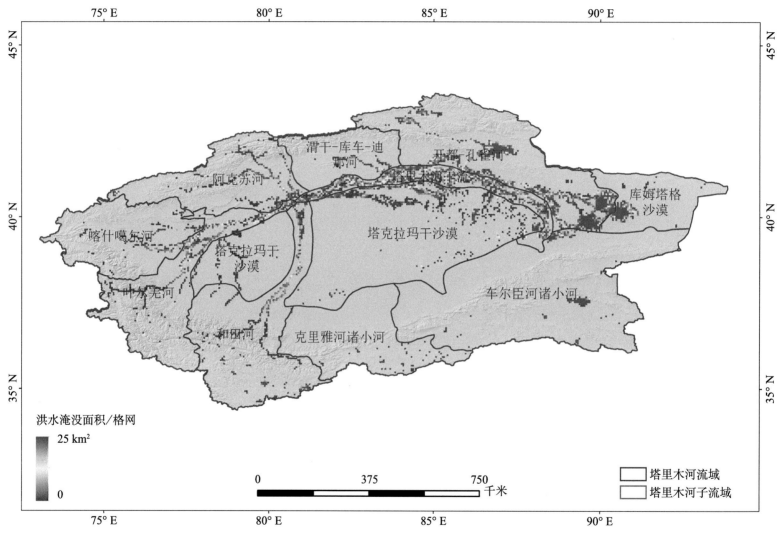

图 3-13 2003 年塔里木河流域洪水最大淹没面积

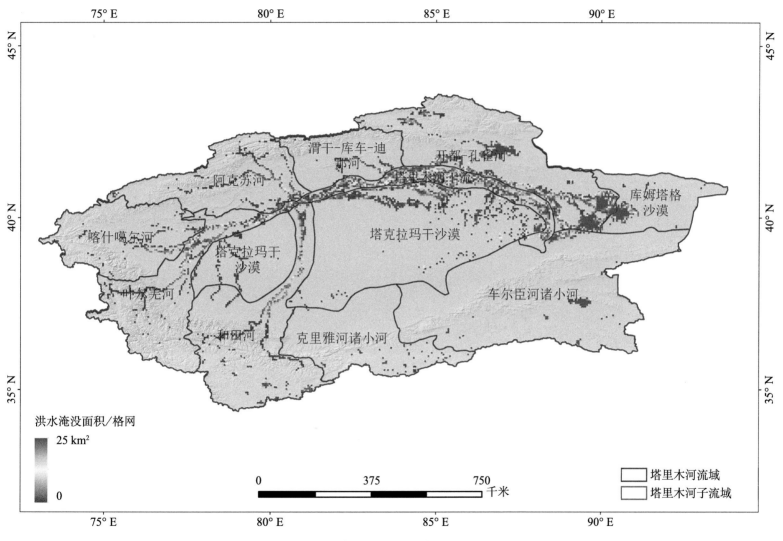

图 3-14　2004 年塔里木河流域洪水最大淹没面积

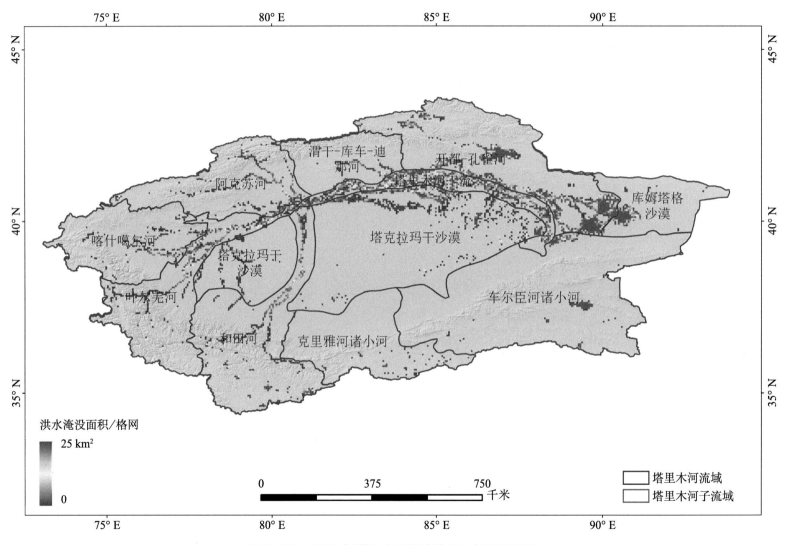

图 3-15　2005 年塔里木河流域洪水最大淹没面积

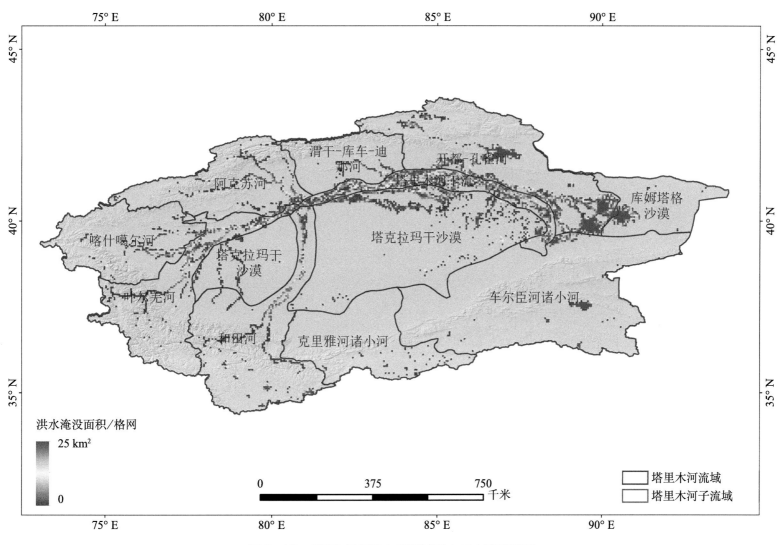

图 3-16　2006 年塔里木河流域洪水最大淹没面积

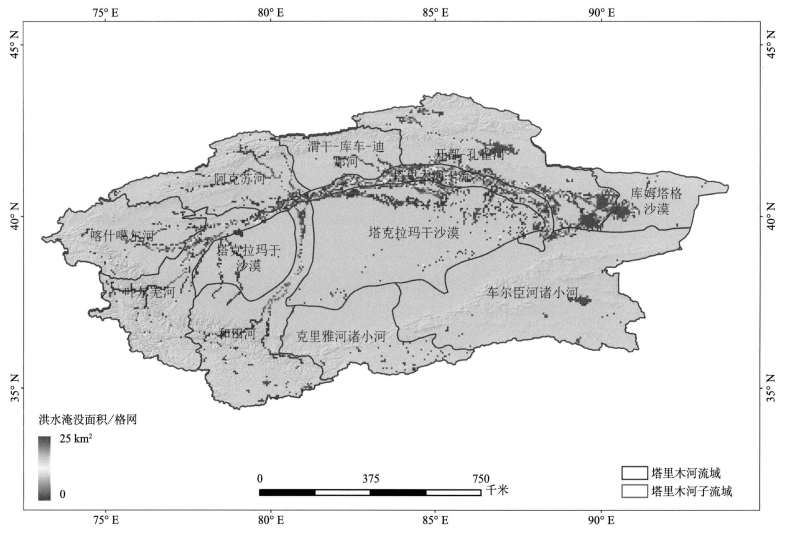

图 3-17　2007 年塔里木河流域洪水最大淹没面积

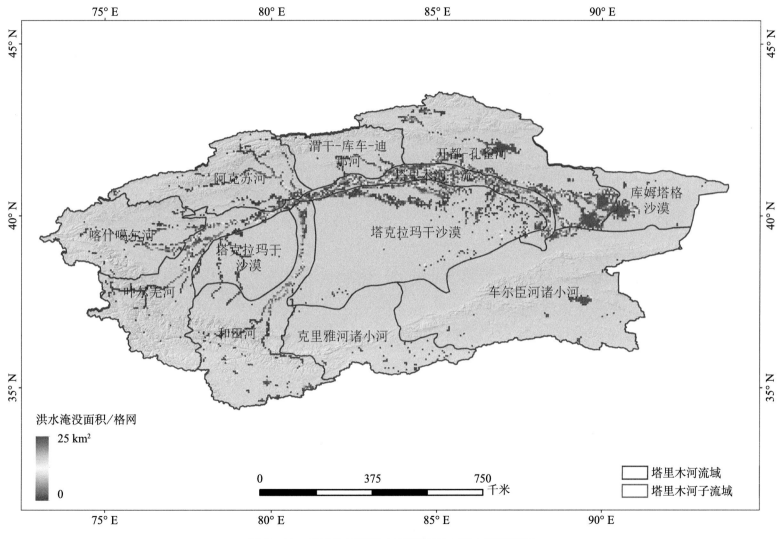

图 3-18　2008 年塔里木河流域洪水最大淹没面积

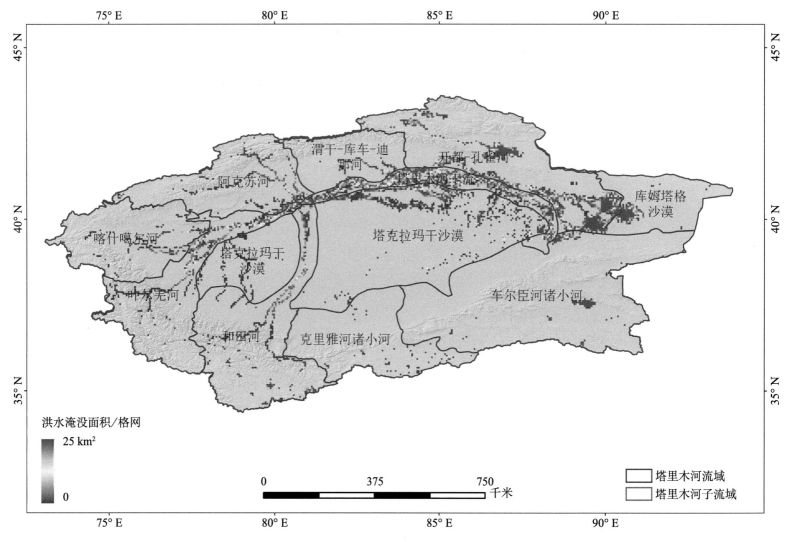

洪水淹没面积/格网

25 km²

0

0　　　　375　　　　750
千米

塔里木河流域
塔里木河子流域

图 3-19　2009 年塔里木河流域洪水最大淹没面积

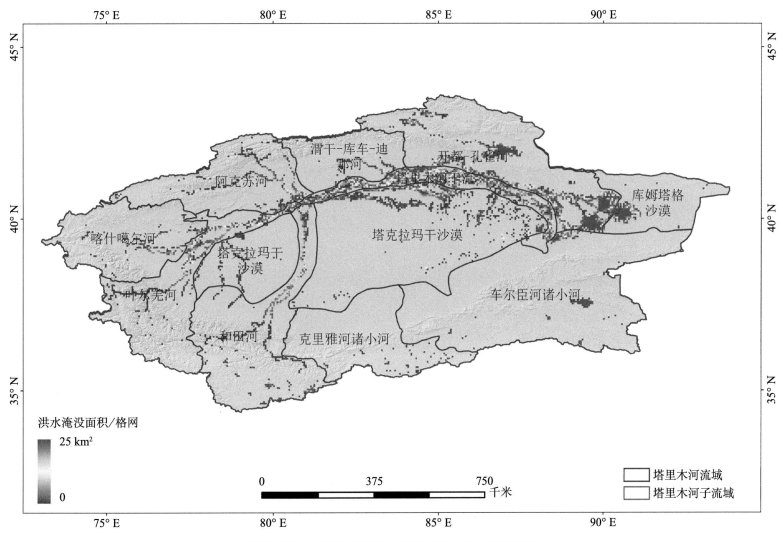

图 3-20 2010 年塔里木河流域洪水最大淹没面积

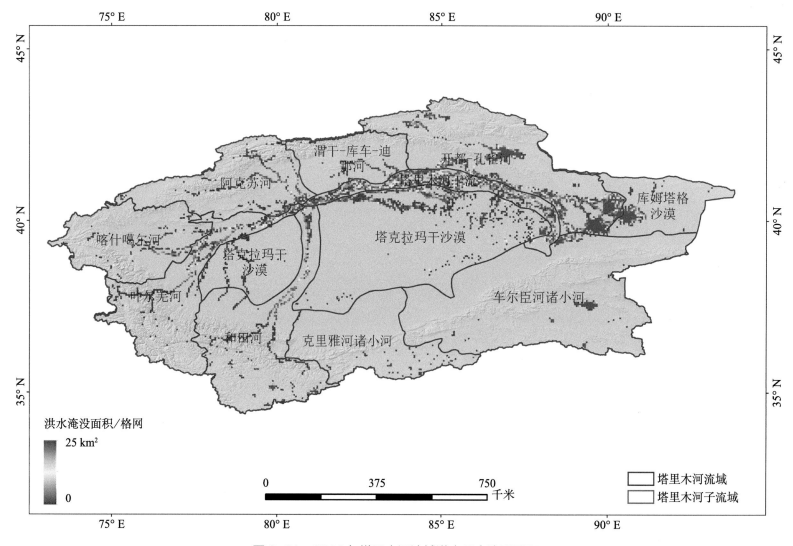

图 3-21　2011 年塔里木河流域洪水最大淹没面积

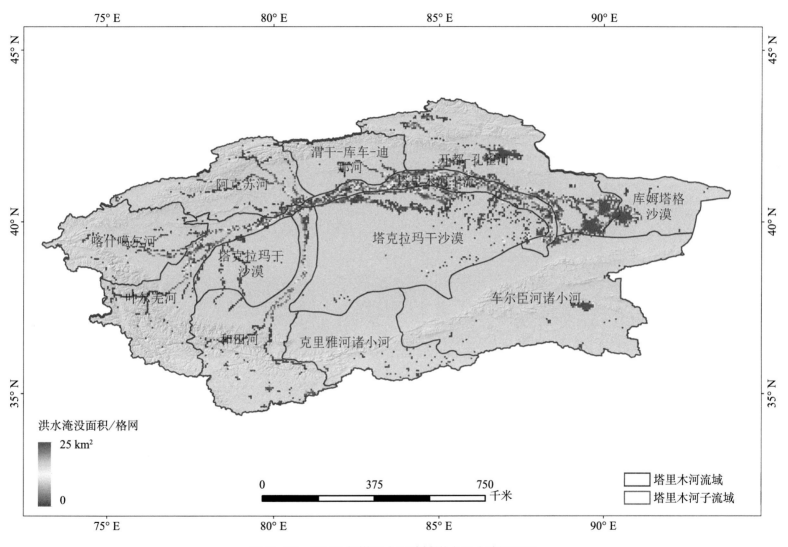

图 3-22　2012 年塔里木河流域洪水最大淹没面积

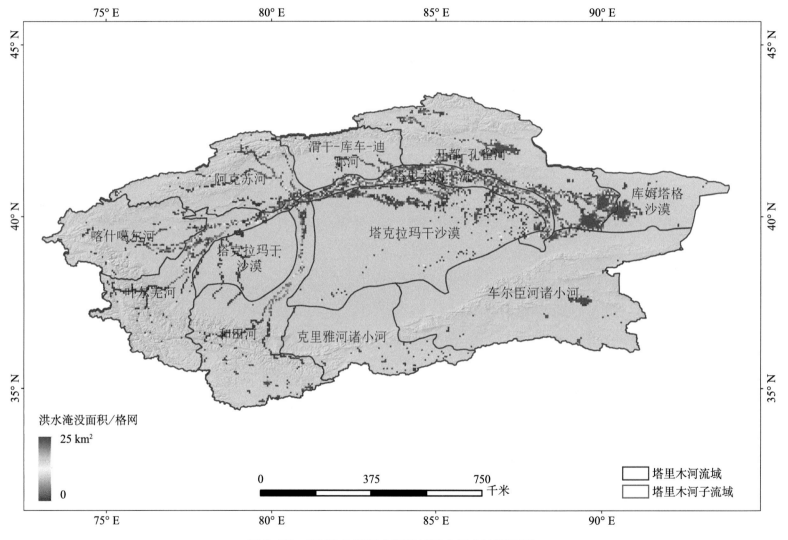

图3-23 2013年塔里木河流域洪水最大淹没面积

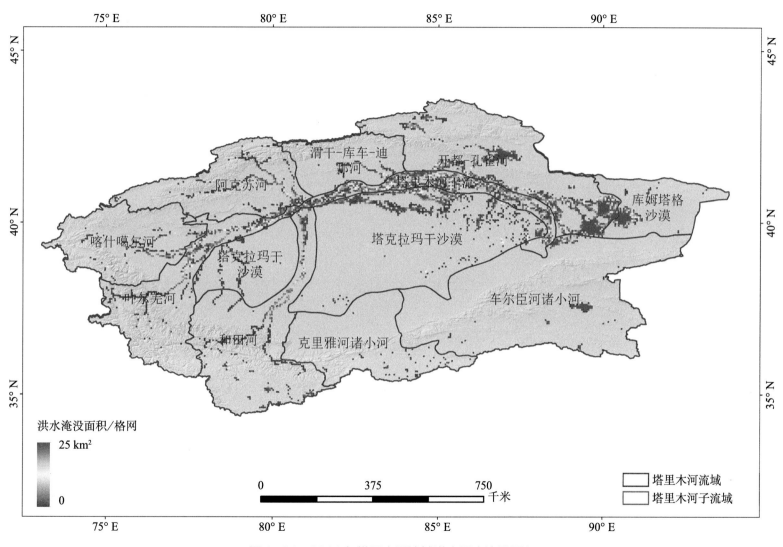

图 3-24　2014 年塔里木河流域洪水最大淹没面积

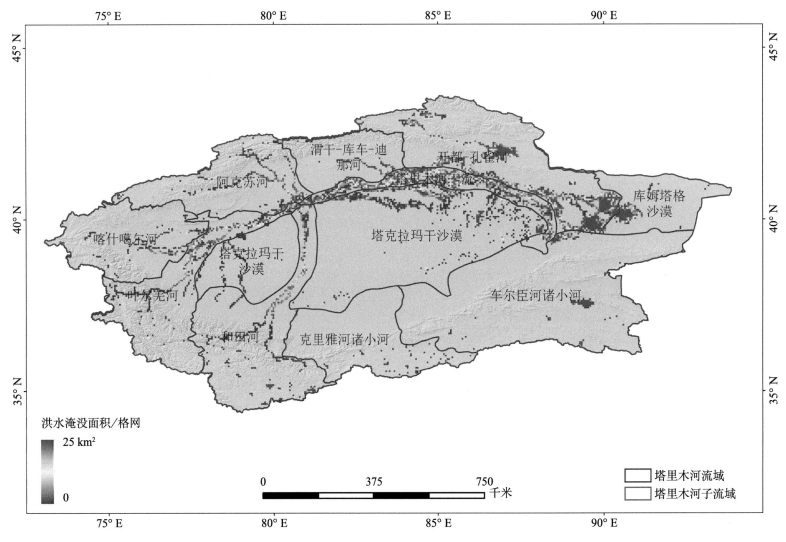

图 3-25 2015 年塔里木河流域洪水最大淹没面积

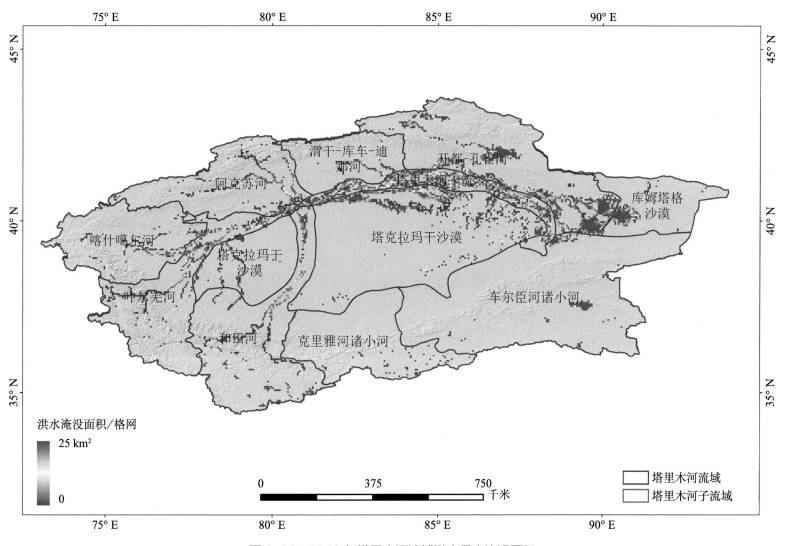

图 3-26 2016 年塔里木河流域洪水最大淹没面积

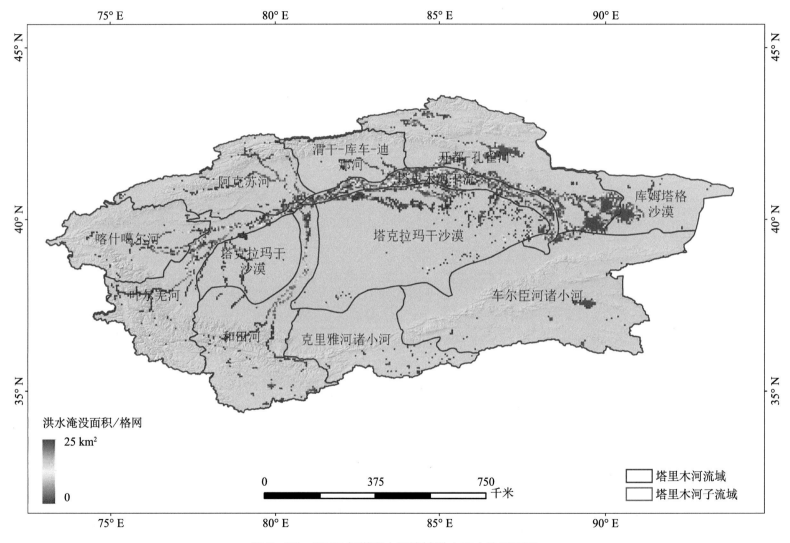

图 3-27 2017 年塔里木河流域洪水最大淹没面积

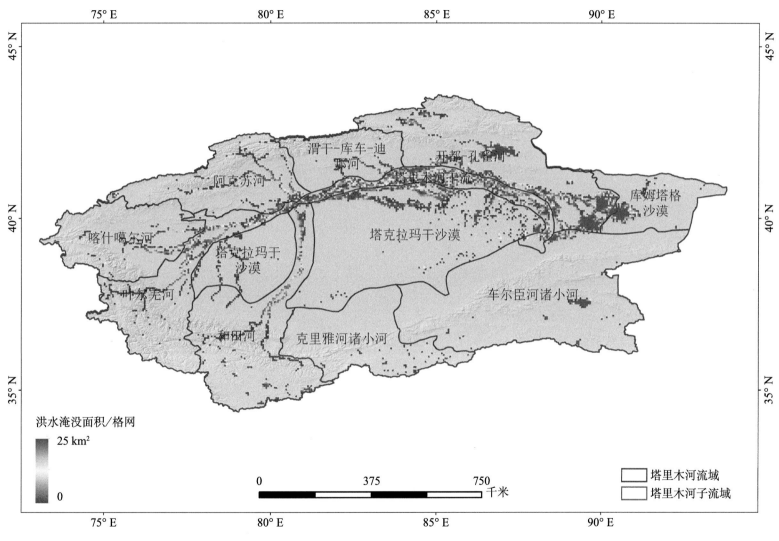

图 3-28　2018 年塔里木河流域洪水最大淹没面积

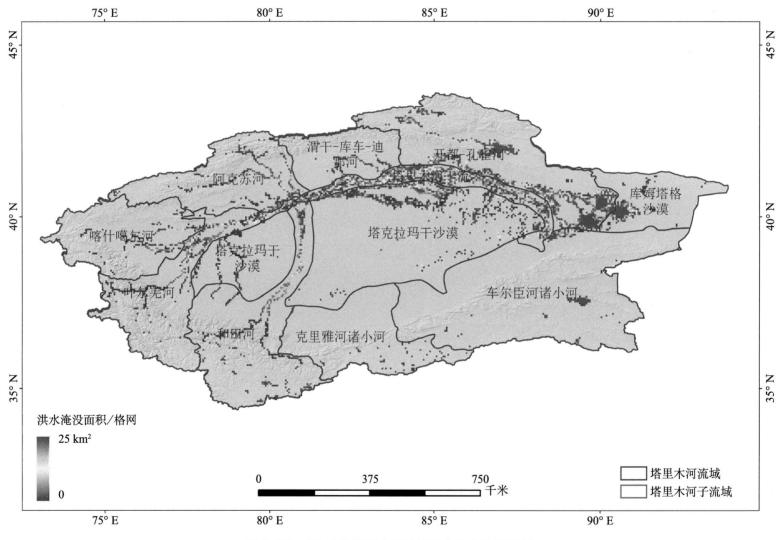

图 3-29 2019 年塔里木河流域洪水最大淹没面积

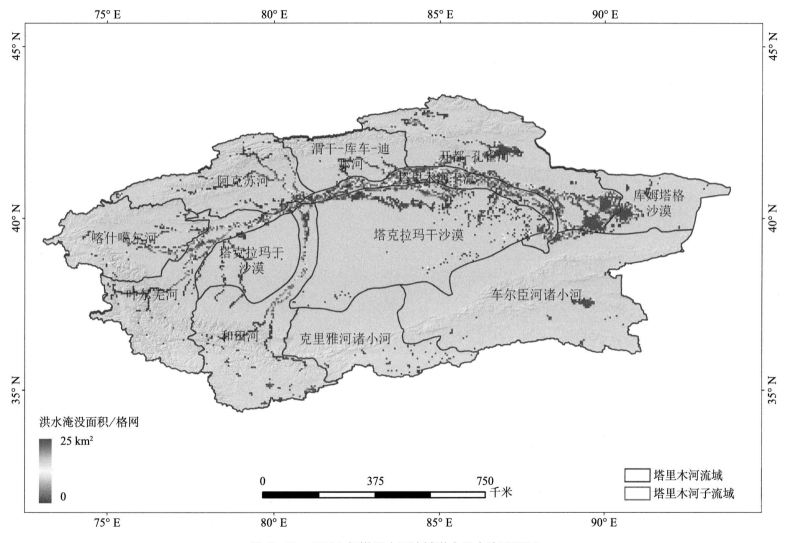

图 3-30　2020 年塔里木河流域洪水最大淹没面积